Gerald L. Wick
Elementarteilchen

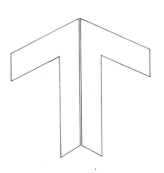

6. MRZ. 1981

taschentext 18

Gerald L. Wick

Elementarteilchen
An den Grenzen
der Hochenergiephysik

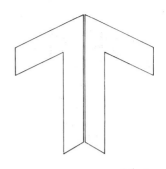

Übersetzt von Walter Wessel

Physik Verlag · Verlag Chemie

Originally published in English under the title
Elementary Particles
by Gerald L. Wick
Geoffrey Chapman Publishers London
© Gerald L. Wick, 1972

Dr. G. Wick
Institute of Marine Research
Scripps Institute of Oceanography
P.O. Box 109
La Jolla
California 92037
USA

Verlagsredaktion: Dr. Gerd Giesler

Dieses Buch enthält 30 Abbildungen und 4 Tabellen

ISBN 3–87666–518–2 (Physik Verlag)
     3–527–21018–0 (Verlag Chemie)

© Physik Verlag, GmbH, D-694 Weinheim, 1974
Alle Rechte, insbesondere die der Übersetzung in fremde Sprachen, vorbehalten. Kein Teil dieses Buches darf ohne schriftliche Genehmigung des Verlages in irgendeiner Form — durch Photokopie, Mikrofilm oder irgendein anderes Verfahren — reproduziert oder in eine von Maschinen, insbesondere von Datenverarbeitungsmaschinen, verwendbare Sprache übertragen oder übersetzt werden.
All rights reserved (including those of translation into foreign languages). No part of this book may be reproduced in any form — by photoprint, microfilm, or any other means — nor transmitted or translated into a machine language without written permission from the publishers.
Satz, Druck und Bindung: Dr. Alexander Krebs, Hemsbach (Bergstr.) und Bad Homburg v.d.H.
Printed in Germany

Vorwort

Die Sprache der Physik ist die Mathematik. Aus diesem Grunde ist es immer schwierig, über Physik ein nicht-mathematisches Buch zu schreiben, das jedermann — vom interessierten Laien bis zum spezialisierten Physiker — Genüge tut. Die Sache ist besonders problematisch bei Büchern über Zweige der Physik, die außerhalb des Bereiches unserer gewöhnlichen Erfahrung liegen. Wir sind alle vertraut mit Wärme, Licht und Schall oder wenigstens gewissen Erscheinungsformen von ihnen. Aber Antimaterie, Isospin und Mesonen (Begriffe der Elementarteilchenphysik) sind so weit entfernt von unserem täglichen Leben, daß sie ohne mathematische Hilfsmittel nur über Modelle und Analogien zu erklären sind, die oft unvollkommen bleiben.

Ich habe einen nicht-mathematischen Bericht über die fortgeschrittenste und abstrakteste physikalische Wissenschaft, nämlich die Hochenergiephysik, geschrieben. Hochenergiephysik und Elementarteilchen sind so gut wie gleichbedeutende Begriffe, da hohe Energien benötigt werden, um die Grundbestandteile der Materie, eben die sogenannten Elementarteilchen, zu untersuchen. Mein Ziel ist es, eine anregende Einführung in dieses Gebiet zu verfassen, die sowohl als eine selbständige Übersicht über die Teilchenphysik als auch als eine Anregung zu weiteren Studien über diesen Gegenstand dienen kann. Da das Gebiet so ausgedehnt und komplex ist, habe ich mich auf diejenigen Teile der Teilchenphysik beschränkt, die ich für die wichtigsten halte und von denen ich glaube, daß sie einer Erklärung auf elementarer Ebene zugänglich sind.

Die Interessen des professionellen Physikers sind verschieden von denen des Nichtspezialisten, der etwas über Physik zu lernen unternimmt. Die Professionals sorgen sich um die dritte Dezimale hinter dem Komma und um die Strenge einer theoretischen Beweisführung. Diese wichtigsten wissenschaftlichen Anliegen sind für Nichtspezialisten und die meisten Studenten bedeutungslos. Sie sind in erster Linie an den Grundideen interessiert, und wie man sie auf eine einfache Art anwenden kann. Eine Reise in die submikroskopische Welt der Elementarteilchen erfordert ein gutes Einfühlungsvermögen in Verbindung mit einem analytischen Geiste (aber nicht notwendig ein tiefgehendes Verständnis für abstrakte Mathematik). Wenn der Leser finden sollte, daß ihn dieses Buch, auf welcher Ebene immer, dieser unglaublichen Welt zuwendet, so sind wir beide erfolgreich gewesen.

London, im Oktober 1971   Gerald L. Wick

Inhalt

1. **Was ist ein Elementarteilchen?** 1
   Die Vorstellung von Atomen; was ist ein Teilchen? ; Stabilität eines Teilchens; zusammengesetzte Teilchen: die Welt der Quantenmechanik; das Heisenbergsche Unbestimmtheitsprinzip

2. **Die Entdeckung der Elementarteilchen** 13
   Elektronen; Protonen; Neutronen, Antimaterie; die Nebelkammer; die Identifizierung von Teilchenspuren; Mesonen; Neutrinos; eine Flut von Teilchen; Teilchenbeschleuniger; Teilchen-Detektoren; seltsame Teilchen; das Antiproton

3. **Die verschiedenen Naturkräfte** 37
   Kräfte im atomaren Bereich; Stärke und Reichweite einer Kraft; der Kraft-Propagator; Parität; das Theta-tau-Rätsel; das Kobalt-60-Experiment; die Spinrichtung der Neutrinos; der Pionen-Zerfall; eine superschwache Kraft; eine superstarke Kraft

4. **Symmetrien und Erhaltungssätze** 51
   Impuls-Erhaltung; die Bestimmung der Masse eines Teilchens; Resonanzen; Drehimpulserhaltung; die Spinquantenzahl; der Spin des Neutrinos; die Erhaltung der elektrischen Ladung, Baryonen- und Leptonenerhaltung; partielle Symmetrien; Parität; die Parität des neutralen Pions; Ladungskonjugation; der Isospin und seine Verletzung, seltsame Teilchen; assoziierte Erzeugung; Strangeness

5. **Die Klassifikation der Elementarteilchen** 73
   Der achtfältige Weg; Ladungs-Multipletts; Super-Multipletts; Mesonen und Baryonen-Resonanzen und Resonanzen mit hohem Spin; die Hyperladung; Quarks; die dynamische Struktur; Leptonen; das Photon

6. **Ausgewählte Probleme der modernen Forschung** 91
   Die innere Struktur des Protons und des Neutrons; Rutherford-Streuung; die Wellenlänge der Teilchen; die elektromagnetische Struktur des Protons; virtuelle Teilchen; die virtuelle Mesonenwolke; das abstoßende Kerninnere; Partonen und Bootstraps; die CP-Verletzung in Kaonen-Zerfällen; die Eigenschaften der Kaonen; CPT-Erhaltung; der Eta-Zerfall
   Erläuterung einiger Fachausdrücke 107
   Literatur 109
   Register 111

1. Was ist ein Elementarteilchen?

„Teile und besiege" ist eine bewährte Maxime der Militärstrategen; sie bezeichnet auch die Denkweise der Naturphilosophen des Westens. In ihrem Bemühen, Materie und Energie zu verstehen, haben die Gelehrten seit den Zeiten der alten Griechen versucht, die Welt auf ihre Grundbestandteile zurückzuführen. Sie „teilen" also ein komplexes System in einfachere Stücke in der Hoffnung, ihr Nichtwissen zu „besiegen". Diese geistige Technik ist der Eckstein alles rationalen westlichen Denkens, und sie ist nicht nur auf die Naturwissenschaften beschränkt; auch Kunst- und Literaturkritiker und Historiker bedienen sich beispielsweise dieses Verfahrens. In den Händen der Naturforscher hat dieses reduktionistische Denken zur Vorstellung der Elementarteilchen als der Grundbestandteile aller Materie geführt.

Es besteht guter Grund zu glauben, daß die Materie, wie wir sie sehen aus Molekülen zusammengesetzt ist. Moleküle sind wieder zusammengesetzt aus Atomen, die die verschiedenen Elemente (Wasserstoff, Kohlenstoff, Sauerstoff und so weiter) in ihrer atomaren Form repräsentieren. Atome können unterteilt werden in kompakte Kerne mit umlaufenden Elektronen. Die Kerne sind zusammengesetzt aus Elementarteilchen wie Protonen, Neutronen und anderen Dingen, die als Mesonen bekannt sind – um nur einige zu nennen. Da alle Materie aus Elementarteilchen zusammengesetzt ist, sollte eine umfassende Theorie der Elementarteilchen und ihrer Wechselwirkungen im Prinzip alle physikalischen Erscheinungen in der Welt erklären. Ob diese Behauptung richtig ist oder nicht, ist gegenwärtig ein wesentliches Anliegen der Naturwissenschafter. Die Jagd auf die Elementarteilchen ist ein „wissenschaftliches Großunternehmen" geworden, mit Forschungslaboratorien im Werte von vielen Millionen Dollars. Politiker, Bürger und selbst Forscher, die nicht gerade selber auf dem Gebiete der Teilchenphysik arbeiten, beginnen sich zu fragen, ob nun wirklich ein Bedürfnis nach soviel Teilchenphysik besteht, nachdem sie einen erheblichen Teil des nationalen Forschungsetats in Anspruch nimmt. In einer solchen gespannten Situation werden die Argumente oft überspitzt und durcheinandergebracht.

Elementarteilchenphysik liegt an der Front unseres Wissens. Früher einmal hat die Atomphysik diese geheiligte Stellung innegehabt. In dem Maße, wie mit der Erfindung der modernen Teilchenbeschleuniger den Forschern höhere und höhere Energien zugänglich wurden, geriet die Kernphysik an den Rand der intellektuellen Verwilderung, bis sie den hochenergetischen Teilchen die Vorfahrt gab. Es ist klar, daß, wenn wir neue fundamentale Einsichten gewinnen wollen, diese am wahrscheinlichsten aus dem Studium der Elementarteilchen fließen werden. Aber es ist nicht so klar, daß dieses Wissen alles in der Welt erklären wird. Die meisten Experimente sind darauf angelegt, die Wechselwirkungen zwischen zwei Teilchen zu studieren. Selbst ein kleines Protein-Molekül ist aus Tausenden von Elementarteilchen zusammengesetzt. Es ist keineswegs gesagt, daß diese Gesamtheit von Teilchen nichts weiter als eine vergrößerte Auflage von zweien von ihnen ist. Das Ganze braucht nicht bloß die Summe seiner Teile zu sein. In dem Maße, wie Dichte und Zahl der Teilchen zunehmen, können ganz neue Wechselwirkungen in Erscheinung treten. Es ist aber kein Zweifel, daß die Elementarteilchenphysik, wie sie jetzt dasteht, eines der erregendsten Felder der Naturforschung ist. Sie ist gewiß die anspruchvollste und hochgezüchteste der Naturwissenschaften.

Die Vorstellung von Atomen

Was passiert, wenn wir zum Beispiel ein Stück Kupfer nehmen und es in kleinere und kleinere Teile zu zerlegen versuchen? Wenn Materie kontinuierlich wäre, würden wir erwarten, den Kupferblock bis ins Unendliche teilbar zu finden. Überdies sollten die Teile, so klein wir sie auch machen, immer die Eigenschaften des Kupfers im Großen behalten. Diese Vorstellung mißfiel dem Demokrit, einem griechischen Philosophen, der im fünften Jahrhundert vor Christus lebte. Er dachte sich das Universum zusammengesetzt aus kleinen, unzerstörbaren Teilchen, die er Atome nannte (was im Griechischen „unteilbar" bedeutet). Nach Demokrit sollten wir bei einer bestimmten Stufe der Teilung unseres Kupferblockes auf unwandelbare Atome stoßen, und die Eigenschaften des Kupfers sollten sich ändern. Diese Idee verfing erst nach Ablauf von fast zweitausend Jahren, als sich aus den mittelalterlichen Vorstellungen die moderne Chemie entwickelte. Bis dahin herrschten die Ideen des Aristoteles und Plato vor, die an eine ideale Welt glaubten, in der der Wechsel unerwünscht war.

Die Idee des Atoms erhielt sich als häretische Vorstellung in den Schriften des römischen Dichters Lukrez aus dem ersten vorchristlichen Jahrhundert. In seinem langen Gedicht de natura rerum („von der Natur der Dinge") schrieb Lukrez über Atome. Er übernahm die Idee von Epikur von Samos, einem Philosophen aus dem dritten vorchristlichen Jahrhundert, der den Atomismus des Demokrit weiterentwickelte. Die Schriften des Demokrit und des Epikur haben sich nicht erhalten. Als im fünfzehnten Jahrhundert der Buchdruck erfunden wurde, war de natura rerum eines der ersten klassischen Werke, die gedruckt wurden.

Heute glauben die meisten Naturwissenschafter, daß in der Tat alle Materie aus Atomen zusammengesetzt ist. Wir können die moderne Vorstellung von den Atomen nicht mit der der Griechen vergleichen, denn die alten Philosophen waren nicht sehr präzis in ihren Angaben. Überdies sind die von uns so genannten Atome nicht unteilbar und können daher nicht dasselbe sein wie die alten griechischen Atome. Als die Forscher gewisse Naturkräfte zu verstehen und zu beherrschen lernten, fanden sie, daß Atome unterteilt werden können. Ein Atom ist zusammengesetzt aus einem dichten, zentralen Kern, umgeben von Elektronen, die ihn umlaufen. Obwohl der Kern weniger als ein Prozent des Atomvolumens einnimmt, enthält er mehr als neunundneunzig Prozent der Masse. Die Elektronen, die negative elektrische Ladungen tragen, treten in Aktion bei der Bildung von Verbindungen mit anderen Atomen. Zwei oder mehr Atome können zusammentreten und größere Moleküle bilden. Anorganische Moleküle, wie gewöhnliches Kochsalz, oder Metall-Legierungen, und organische Moleküle, wie die Proteine, die unsere Körper bilden, werden durch Energien zusammengehalten, die der Bindungsenergie eines Elektrons in einem Atom äquivalent sind. Diese Energie ist verhältnismäßig klein. Die Energie, die bei der Verbrennung eines Streichholzes frei wird, genügt gerade, um die atomaren Bindungen in dem Holze zu ändern. Sauerstoff vereinigt sich mit Kohlenstoff in dem Holze und entweicht als das Gas Kohlendioxid.

Die Energie in einer atomaren Bindung ist winzig im Vergleich mit der Bindungsenergie des Kernes. Es braucht fünf Größenordnungen höhere Energien (das heißt 100 000mal größere) als die der atomaren Bindung, um Atomkerne zu spalten. Manche Kerne zerfallen spontan. Diese Erscheinung, die sogenannte natürliche Radioaktivität, wurde um die Jahrhundertwende entdeckt. Ein radioaktives Atom wird, wenn es zerfällt, zu einem andern Atom; beispielsweise verwandelt sich radioaktives Uran schließlich in Blei. Das Studium der Radioaktivität führte die Forscher zu der Vorstellung, daß der Kern aus zwei Arten von Teilchen zusammengesetzt ist – Protonen und Neutronen. Verschiedene Elemente unterscheiden sich in ihren Atomen durch die Zahl der Protonen und Neutronen im Kern und durch die Zahl der Elektronen, die den Kern umwirbeln. Siehe Figur 1.1.

Als die Physiker Maschinen entwickelt hatten, mit denen man die Protonen auf sehr hohe Energien beschleunigen konnte (etwa das Hundertfache der Energie, die zur Kernspaltung benötigt wird), begannen sie die innere Struktur der Protonen und Neutronen zu erforschen.

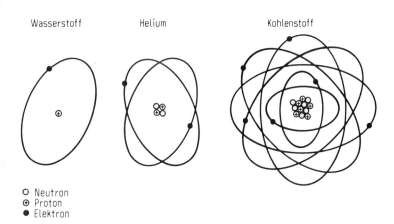

Figur 1.1. Symbole zur Veranschaulichung der Zahl der Elektronen, Protonen und Neutronen in verschiedenen Atomen. Das Bild des Physikers vom Atom ist komplexer als diese einfachen Figuren. Sie haben nicht allzuviel mit der wirklichen Struktur der Atome zu tun, sind aber ein nützlicher Blickfang für Werbezwecke.

Aus diesen Untersuchungen in Verbindung mit solchen über die Wechselwirkungen hochenergetischer kosmischer Strahlen (Teilchen, meist Protonen, aus dem Weltraume, deren Ursprung unbekannt ist) mit Atomen in der Atmosphäre entwickelte sich die „Elementarteilchenphysik". Letztlich ist Teilchenphysik die Suche nach den Fundamentalbestandteilen der Materie und den Gesetzen, die ihr Verhalten regieren. Wenn dieses Vorhaben einmal erfüllt ist, sollten sich – so denkt man wohl – alle Naturerscheinungen grundsätzlich erklären lassen. Alle Materie ist aus Elementarteilchen zusammengesetzt; wenn wir also die physikalischen Grundgesetze verstehen, die die Elementarteilchen beherrschen, so sollten wir imstande sein, größere Systeme zu verstehen. In diesem Sinne haben die Elementarteilchen die Rolle übernommen, die die Griechen ursprünglich den Atomen zugedacht hatten.

Was ist ein Teilchen?

Wir haben nun eine Vorstellung von den Elementarteilchen, aber es ist gar nicht so leicht zu unterscheiden, welche Materiefragmente in diese Kategorie fallen. In den dreißiger Jahren hatten die Physiker ein hübsches, klares Bild: die Elementarteilchen waren die Elektronen, Protonen und Neutronen. Aber aus Zusammenstößen mit kosmischen

Strahlen und aus Experimenten mit Teilchenbeschleunigern entsprangen neue Teilchen. Gegenwärtig hat die Zahl der „elementaren" Teilchen das Hundert überschritten und macht den Begriff fast nutzlos. Zu den bekannteren Teilchen sind Objekte getreten, die man Mesonen, Hyperonen und Resonanzen nennt und die einer einfachen Theorie der Materie erhebliche Schwierigkeiten bereiten. Einzelne Teilchen aus dieser Schwemme könnten elementarer sein als andere... Wir sollten zunächst einmal eine klare Idee davon haben, was wir mit einem Teilchen und insbesondere mit einem Elementarteilchen meinen. In der Theorie des Planetensystems kann man die Erde als ein Teilchen betrachten. In die Berechnungen ihrer Bahn geht sie als Ganzes ein, und all ihre Masse kann so behandelt werden, als wenn sie in einem Punkte vereinigt wäre. Aber wir wissen, daß die Erde ein zusammengesetztes Gebilde ist und nicht sehr elementar sein kann. Das Wasserstoffatom agiert unter gewissen Umständen als eine abgeschlossene Einheit, aber wir wissen, daß es aus einem Elektron und einem Proton zusammengesetzt ist. Allgemein gesprochen ist ein Teilchen ein abgeschlossenes Objekt, das zu einer gegebenen Zeit ein begrenztes Raumvolumen einnimmt. Überdies hat es bestimmte physikalische Eigenschaften wie Masse, elektrische Ladung und so fort. Ein anderes Erfordernis ist, daß das Teilchen stabil ist.

Stabilität eines Teilchens

Nach unserer Definition wären die Erde und das Wasserstoffatom Teilchen, aber das Neutron wäre auszuschließen. Neutronen sind gleichermaßen ein Teil der Kerne wie Protonen. Sie sind vollkommen stabil im Innern der meisten Kerne, aber wenn ein Neutron sich allein im Raume befindet, ist es unstabil und zerfällt im Mittel in etwa siebzehn Minuten in ein Proton, ein Elektron und ein anderes Teilchen, das man ein Neutrino nennt. Da die meisten mikroskopischen Phänomene in weit kürzeren Perioden ablaufen als in siebzehn Minuten, können wir das Neutron als ein stabiles Teilchen betrachten; wenn wir aber vorsichtig sind, müssen wir unsere Bedingung, daß ein Teilchen vollkommen stabil sein soll, abmildern. Es gibt zahlreiche Teilchen, die instabiler sind als das Neutron und die, wie hoffentlich in späteren Kapiteln deutlich werden wird, in unsere Liste aufgenommen werden sollten. Zum Beispiel zerfallen Teilchen, die als Myonen bekannt sind, in etwa 10^{-6} (=0.000 001) Sekunden. Selbst diese Zeit ist lang verglichen mit der Schnelligkeit, mit der Wechselwirkungen zwischen Teilchen stattfinden.

Nach unserem neuen Kriterium für Stabilität würden verschiedene Konfigurationen desselben Atoms in unsere Liste als verschiedene Teilchen eingehen. Die niedrigste Energie-Konfiguration eines Atoms ist stabil, aber infolge von Zusammenstößen kann ein Elektron auf eine höherenergetische Bahn angehoben werden. In einem kleinen Bruchteil einer Sekunde fällt das Elektron auf die Bahn niederster Energie zurück. Ist der angeregte Zustand ein separates Teilchen? Das Wasserstoff-Atom hat eine unendliche Zahl von Konfigurationen, und dasselbe gilt für jedes andere Atom, jedes Molekül und jeden Kern. Offenbar müssen wir neu definieren, was wir mit einem Teilchen meinen. Wir können nicht erwarten, viel über fundamentale Wechselwirkungen von Teilchen zu lernen, wenn unsere Liste eine Million Mitglieder überschreitet und so verschiedene Objekte wie Planeten und Elektronen einschließt.

Zusammengesetzte Teilchen

Einige von den Teilchen sind entschieden zusammengesetzt. Wenn wir die Mitgliedschaft in unserer Teilchenliste ganz auf solche Teilchen beschränken, die augenscheinlich nicht zusammengesetzt sind, können wir unsere Bewerber auf eine annehmbare Zahl reduzieren und diese dann Elementarteilchen nennen. Aber wir geraten auch dann noch in Schwierigkeiten. Wenn ein Proton mit einem andern Proton zusammenstößt, können sie neue Teilchen erzeugen, etwa Pionen (auch bekannt als Pi-Mesonen). Heißt das, daß Protonen aus Pionen zusammengesetzt sind und daß Protonen keine Elementarteilchen sind? Wenn Pionen mit Protonen zusammenstoßen, können sie andere Teilchen erzeugen, die als K-Mesonen und Lambda-Hyperonen bekannt sind. Das Lambda-Hyperon zerfällt in ein Proton und ein Pion, während das K-Meson in zwei oder drei Pionen zerfällt. Es ist schwer zu bestimmen, wer aus wem zusammengesetzt ist. Ein Weg aus diesem Sumpfboden ist die Bemerkung, daß die Bewegungsenergie, die zur Erzeugung der neuen Teilchen benötigt wird, vergleichbar ist (nach Einsteins berühmter Gleichung $E = mc^2$, wo E die Energie, m die Masse und c die Lichtgeschwindigkeit ist) mit der Energie, die in der Masse der Anfangsteilchen enthalten ist. Diese Betrachtungsweise ist nicht anwendbar auf Moleküle, Atome und Kerne. Ein Molekül kann in seine konstituierenden Atome, ein Atom in seinen Kern und seine Elektronen und ein Kern in seine Protonen und Neutronen zerlegt werden mit einem Energieaufwand, der klein ist verglichen mit der Massen-Energie der beteiligten Teilchen.

Diese Reihenfolge zeigt an, daß Moleküle gebundene Zustände von Ato-

Zusammengesetzte Teilchen

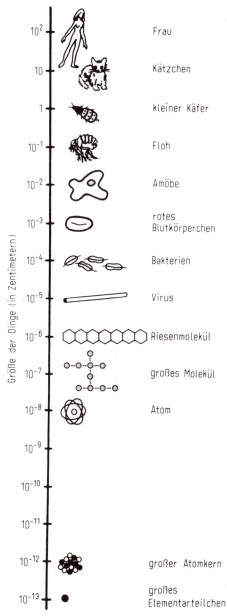

Figur 1.2. Die Skala der Dinge. Die Atome liefern uns natürliche Längeneinheiten, die verstehen lassen, warum der Mensch im Mittel zwischen 1,50 und 2 Meter groß ist *). Wenn es nur auf den Maßstab ankäme, könnten Bakterien, Mäuse und Menschen alle von der gleichen Größe sein.

* *Anmerkung des Übersetzers:* Der Verfasser will damit sagen, daß höher organisierte Lebewesen aus sehr vielen Atomen zusammengesetzt sein müssen, damit statistische Gesetzmäßigkeiten trotz des quantenmechanischen Indeterminismus einen Kausalablauf ermöglichen.

men, Atome gebundene Zustände von Kernen und Elektronen und Kerne gebundene Zustände von Protonen und Neutronen sind. Die Protonen, Neutronen und Elektronen sind nicht in irgendeiner augenscheinlichen Weise gebundene Zustände von etwas anderem. Sie können zu den letzten Teilchen der Natur gehören. Siehe Figur 1.2. In den folgenden Kapiteln werden wir anderen Teilchen begegnen, die nicht augenscheinlich zusammengesetzte Teilchen sind. Die Gesamtzahl liegt bei über Hundert. Obwohl wir die Sache verbessert haben, ist die Zahl der „elementaren" Teilchen immer noch zu groß, um befriedigend zu sein. Gegenwärtig gibt es noch keine klare Vorstellung davon, welche Teilchen die am meisten elementaren sind, und tatsächlich gibt es vielleicht überhaupt keinen Satz von Urteilchen, aus denen alle Materie zusammengesetzt ist.

In den letztvergangenen Jahren haben die Partikel-Physiker große Fortschritte gemacht, und in späteren Kapiteln werde ich beschreiben, wie sie es dahin gebracht haben, die meisten Elementarteilchen in ein zusammenhängendes System einzuordnen. An der Basis dieses Systems stehen hypothetische Teilchen, die tatsächlich die Bausteine aller Materie sein könnten – die letzten Elementarteilen. Diese Teilchen, Quarks genannt, sind trotz zahlreicher experimenteller Suchaktionen niemals entdeckt worden, aber die große Jagd dauert an. Viele Physiker finden es philosophisch befriedigend, eine Hierarchie der Materie mit nur wenigen Elementarteilchen an ihrer Basis aufzubauen, aber ihre Wünsche können auch bloße Luftschlösser sein. Vielleicht werden einmal unsere Beschreibungen der Natur weit komplizierter ausfallen, mit vielen Partikeln in friedevoller Koexistenz auf dem tiefsten Niveau. Ich werde auf diesen Punkt in Kapitel 6 zurückkommen.

Die Welt der Quantenmechanik

Um Theorien von Elementarteilchen voll zu würdigen, ist es unerläßlich, einmal in eine Domäne der Physik einzutreten, die gänzlich außerhalb unserer natürlichen Erfahrung liegt. Die Physik kleiner materieller Körper, die über kurze Entfernungen miteinander wechselwirken, ist sehr verschieden von der „klassischen" Physik, die unsern fünf Sinnen leicht zugänglich ist. Im ersten Viertel dieses Jahrhunderts erfuhr die Physik in ihrer Grundstruktur eine tiefgreifende Umwälzung, als europäische Physiker zum ersten Male eine schlüssige Theorie der atomaren und subatomaren Struktur entwickelten. Diese Theorie hat verschiedene Namen – Quantenmechanik, Wellenmechanik oder einfach Quantentheorie; es ist unsere beste Beschreibung der Phänomene in der mikroskopischen und submikroskopischen Welt.

Für den Novizen ist die Quantentheorie so bizarr, daß sie an Verrücktheit grenzt. Selbst die Physiker, die diese Theorie schufen, hatten schwere Zweifel an ihrer Gültigkeit. Im Jahre 1926 versammelten sich die glänzendsten Physiker jener Tage bei Bohr in Kopenhagen zu einer Konferenz, um ihre Ergebnisse und Ideen zu diskutieren und zu überprüfen. Eines der führenden Mitglieder dieser Konferenz, Werner Heisenberg, spricht in seinen Erinnerungen davon in diesen verzagenden Wendungen: „Ich erinnere mich an Diskussionen mit Bohr, die viele Stunden bis tief in die Nacht dauerten und fast in Verzweiflung endeten; und wenn ich am Ende der Diskussion noch einen einsamen Spaziergang in den benachbarten Park machte, fragte ich mich wieder und wieder: Kann denn die Natur so absurd sein, wie sie uns in diesen atomphysikalischen Experimenten erscheint?"

Ein anderer Wesenszug der atomphysikalischen Experimente, der Heisenberg verwirrte, ist, daß gewisse physikalische Größen, wie die Energie, zwischen zwei Teilchen nur in diskreten Beträgen oder Quanten ausgetauscht zu werden scheinen. Man stelle sich einmal vor, was passierte, wenn dieses Quantenverhalten auf unserer eigenen Existenzstufe herrschte. Wenn beispielsweise eine Person in ein Schwimmbecken springt, so wissen wir, daß die Energie ihrer Bewegung vom Wasser absorbiert wird, das Wellen schlägt und das sich von dem Aufprall ein wenig erwärmt. In der Quantenwelt würde hingegen diese ganze Energie als ein einziges Bündel auf ein anderes Objekt übertragen werden. Wenn eine Person ins Wasser spränge, würde eine andere Person in dem Becken die Energie absorbieren und herausfliegen. Dieses Bild hat natürlich keinen Sinn in unserer Welt, da die Quanten sehr klein sind. Was uns als Kontinuum erscheint, besteht bei genauerem Hinsehen aus diskreten Intervallen. In gewissem Sinne ist die Materie vom atomaren Standpunkte selber ein natürliches Quantenmodell. Während ein Stück Metall unsern Augen als fest und kontinuierlich erscheint, bilden seine Atome ein Kristallgitter mit leerem Raum zwischen den Reihen.

Das Heisenbergsche Unbestimmtheitsprinzip

Vielleicht die eindrucksvollste Konsequenz der Quantenmechanik ist das „Heisenbergsche Unbestimmtheitsprinzip". Es besagt, daß unserer Beobachtungsgenauigkeit Grenzen gesetzt sind; insbesondere können Geschwindigkeit und Lage eines Teilchens nicht gleichzeitig mit hoher Präzision gemessen werden. Diese Behauptung scheint absurd, wenn wir einen Himmelskörper wie einen Planeten betrachten, dessen Geschwindigkeit und Lage im Raume wir gewiß messen können. Aber bei einem atomaren Teilchen ist die Sache anders. Die beste Methode, einen Planeten zu verfolgen, ist die Beobachtung des Lichtes, das von ihm zurückstrahlt. Die gleiche Technik ist im mikroskopischen Bereiche anwendbar, aber die Energie der Lichtquanten genügt, um die Bahn des atomaren Teilchens zu stören. Wenn ich wissen will, wo ein Stuhl im Raume steht, beschieße ich ihn nicht mit Kanonenkugeln, in der Hoffnung, etwas darüber zu erfahren, wenn die Kanonenkugeln zurückprallen. Kein Meßinstrument ist so fein, daß es nicht ein atomares System störte.

Dieses Element der Unbestimmtheit, das in die Physik an ihrem Fundamente eingebaut ist, war für viele Physiker und Philosophen beunruhigend. Einstein mochte bis zu seinem Tode die Quantenmechanik nicht leiden, weil, wie er sagte, „Gott mit der Welt nicht Würfel spielt". Nach der neuen Naturbeschreibung sind die Ereignisse nicht vorherbestimmt, sondern dem Zufall unterworfen. Infolgedessen muß ein und dasselbe Ereignis viele Male gemessen werden, bevor das „wahrscheinlichste" Resultat bestimmt werden kann.

In der Teilchenphysik stammt unsere meiste Information aus Streuexperimenten, in denen zwei Teilchen zusammenstoßen und der Anfangs- und Endzustand gemessen werden. Bei gegebenem Anfangszustand ist der Endzustand nicht immer derselbe; aber wenn genügend Zusammenstöße registriert sind, beginnt sich ein erkennbares Muster abzuzeichnen. Wenn ein experimenteller Teilchenphysiker sagt, daß seine Statistik gut sei, so meint er damit, daß seine Daten ein schlüssiges Trefferbild enthüllen. Die Wechselwirkung eines negativ geladenen Pions mit einem Proton möge das Gesagte illustrieren.

Negative Pionen können mit Partikelbeschleunigern erzeugt und dann auf ein Target*) von Wasserstoffatomen gelenkt werden, die aus Protonen und Elektronen bestehen. In manchen Fällen prallt das negative Pion von dem Proton so ab, als stießen zwei Billardbälle zusammen. In anderen Fällen tauscht das negative Pion seine Ladung mit dem Proton aus, und das Endprodukt ist ein Pion mit neutralisierter Ladung und ein Neutron. Siehe Figur 1.3. Um zu bestimmen, wie oft jeder Endzustand eintritt, muß der Experimentator Hunderte von Messungen bei jeder Pionen-Energie und unter allen möglichen Winkeln anstellen, aber er ist niemals in der Lage, mit Sicherheit das Ergebnis eines einzelnen Zusammenstoßes vorauszusagen.

---

* Target, gesprochen wie im Deutschen, = Schießscheibe; im physikalischen Sprachgebrauch als Lehnwort üblich geworden.

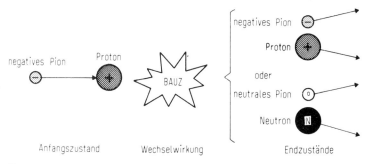

Figur 1.3. Die Wechselwirkung zwischen einem Proton und einem negativen Pion kann zu zwei verschiedenen Endzuständen führen. Wegen des Zufallscharakters der Gesetze, die die Teilchen beherrschen (Quantenmechanik), ist es nicht möglich, das Ergebnis einer einzelnen Wechselwirkung vorauszusagen.

Heute ist die Quantenmechanik die Grundlage der Chemie, der Stoffkunde (der verschiedenen festen Körper, Flüssigkeiten und Gase), der Molekularbiologie und, auf einer mehr rudimentären Stufe, der Atome, Kerne und Elementarteilchen. Auch nur eine Einführung in die Quantenmechanik zu geben, hieße die Länge dieses Buches mehr als verdoppeln. Ich habe mich daher auf die gröbsten Umrisse einiger ihrer Eigenschaften beschränkt. Der Leser sollte in den verbleibenden Kapiteln immer im Auge behalten, daß unseren eingeprägten Anschauungsformen die Ereignisse im Mikrokosmos sehr merkwürdig vorkommen können.

2. Die Entdeckung der Elementarteilchen

Elektronen

Obwohl die Vorstellung eines Elementarteilchens vor mehr als zweitausend Jahren entstand, wurde der erste Anwärter auf die Rolle erst vor weniger als hundert Jahren experimentell nachgewiesen. J.J. Thomson zeigte 1897, als er im Cavendish Laboratorium an der Universität Cambridge arbeitete, daß ,,Kathodenstrahlen", die elektrischen Strom in evakuierten Röhren transportieren, sich wie Teilchen negativer elektrischer Ladung verhalten. Diese Teilchen werden ,,Elektronen" genannt, nach dem griechischen Wort für Bernstein. Wenn ein Stück Bernstein mit einem Stück Pelz kräftig gerieben wird, so nimmt der Bernstein eine statische elektrische Ladung an, die willkürlich negativ genannt wurde; das ist auch das Vorzeichen der Ladung des Elektrons.

Es ist heute bekannt, daß Elektronen die Grundbestandteile aller Atome sind, und daß sie in stationären Bahnen um den äußerst kompakten, zentralen Kern des Atoms angeordnet sind. Licht wird ausgestrahlt, wenn die Elektronen aus ihrem niedrigsten Energiezustande angeregt werden und dann von einer höheren Bahn zu einer anderen mit niedrigerer Energie überspringen. Dieses Atommodell wurde 1913 von Ernest Rutherford, wohl dem größten Kernphysiker seiner Zeit, und dem berühmten dänischen Physiker Niels Bohr entwickelt. Rutherford wurde in Neuseeland geboren und arbeitete in Kanada und England. Nach Rutherfords Experimenten ist der Durchmesser des Atoms mehr als zehntausendmal größer als der des Kerns in seiner Mitte. Das bedeutet, daß der Kern weniger als ein Millionstel des Raumes einnimmt, der von der mittleren Bahn eines Elektrons umschlossen wird, oder daß, wenn der Kern die Größe eines Tennisballs hätte, der Atomdurchmesser etwa eine Meile (1,6 km) wäre. Die nächste Frage, die viele Physiker sich stellten, war: woraus ist der Kern gemacht?

Protonen

Eine besondere Faszination auf die Physiker hat immer der Wasserstoff als das leichteste von allen Elementen ausgeübt. Schon früh im neunzehnten Jahrhundert wurde vermutet, daß alle Atome als Grundsubstanz Wasserstoff enthielten. Obwohl diese Idee wieder aufgegeben wurde, tauchte sie in abgewandelter Form wieder auf, als die Physiker gegen Ende des neunzehnten Jahrhunderts bemerkten, daß Kathodenstrahlen, oder Elektronen, die sich bei elektrischen Entladungen in eingeschlossenen Gasen bildeten, von „positiven" Strahlen begleitet waren, die in der entgegengesetzten Richtung wanderten. J.J. Thomson untersuchte die Eigenschaften dieser Strahlen in den 20er Jahren. Er zeigte, daß die im Wasserstoff auftretenden positiven Strahlen die leichtesten sind und also die kleinste Masse haben; die Massen anderer positiver Strahlen sind Vielfache von der der Wasserstoffstrahlen. Überdies ließen frühere Arbeiten vermuten, daß positive Strahlen nichts anderes als Ionen (Atome, denen eines oder mehrere Elektronen fehlen) des Gases in der Entladungsröhre sind, und daß im Falle des Wasserstoffs, der nur ein Elektron hat, seine Ionen das Gleiche sind wie seine Kerne. Im Zuge der Entwicklung wurde dem positiven Wasserstoff-Ion der Name „Proton" gegeben, und es wurde erkannt, daß das Proton ein Grundbaustein aller Atomkerne ist.

Als man um die Jahrhundertwende die natürliche Radioaktivität entdeckte, lernten die auf diesem Felde tätigen Forscher drei verschiedene Strahlungsarten unterscheiden. Es konnten nämlich die Kerne der unstabilen Isotope durch die Emission sogenannter Alpha(α)teilchen und Beta(β)teilchen in Isotopen verschiedener Elemente verwandelt werden, und ein einzelner unverwandelter Kern konnte Gamma(γ)strahlen aussenden. Mit der Zeit zeigten die Kernphysiker, daß Alphateilchen dasselbe wie Heliumkerne sind, Betateilchen Elektronen und die Gammas eine hochenergetische elektromagnetische Strahlung, wesensgleich dem sichtbaren Licht. Diese Beobachtungen führten die Theoretiker zu der Annahme, daß der Kern primär aus Protonen und Elektronen zusammengesetzt sei. Alphazerfall konnte vom Aufbrechen eines Kernes herrühren, und Gamma-Emission von Übergängen zwischen stabilen Konfigurationen des gleichen Kernes, ganz ähnlich wie die Emission des Lichtes von Übergängen zwischen verschiedenen Elektronenzuständen in einem Atom.

Eine Voraussage dieses Modelles ist, daß das als Stickstoff-14 bekannte Stickstoffisotop aus 14 Protonen und sieben Elektronen zusammengesetzt ist. Da das Proton etwa zweitausendmal schwerer ist als das Elektron, muß der größte Teil der Stickstoff-14-Masse von den Protonen herrühren; die Masse des Stickstoff-14 war, mit der Meßgenauigkeit der 20er Jahre, gleich dem 14fachen der Protonenmasse. Die sieben negativ geladenen Elektronen werden benötigt, um die positive Ladung von sieben der Protonen zu neutralisieren; Stickstoff-14 hat eine Gesamtladung von sieben positiven Einheiten.

Leider funktionierte dieses einfache Modell nicht. Wenn es das täte, könnten wir dieses Buch zuklappen mit der Feststellung, daß es nur

Protonen

zwei Elementarteilchen gibt, das Proton und das Elektron, woraus alle Materie zusammengesetzt ist. Aber es gelang nicht zu verstehen, wie das Elektron ein Bestandteil der Kerne sein könnte. Als die Quanten- oder Wellenmechanik in den 20er Jahren entwickelt wurde, erhob sich ein fundamentales Problem. Nach dieser Theorie, die immer noch den Eckstein der modernen Physik bildet, hat jedes Teilchen einen Eigenspin oder Drehimpuls, der nur bestimmte diskrete Werte annehmen kann. Diese Werte verstehen sich in Bezug auf ein Drehimpuls-Quantum. Wir werden dem Teilchenspin in späteren Kapiteln in größerem Detail wiederbegegnen; für den Augenblick möge es genügen zu sagen, daß Proton und Elektron beide den Spin 1/2 haben, und daß ihre Spins sich addieren oder subtrahieren, um den Spin eines zusammengesetzten Teilchens zu ergeben. So sollte ein Kern, der aus einer ungeraden Anzahl von Teilchen zusammengesetzt ist, wie es für Stickstoff-14 mit 21 Teilchen insgesamt (14 Protonen plus 7 Elektronen) vorgeschlagen war, einen Eigenspin haben, der halbganz ist; das heißt, der Kernspin könnte theoretisch 1/2, 3/2, 5/2 und so weiter bis zu einem Maximum von 21/2 sein.

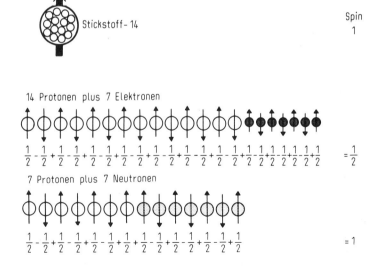

Figur 2.1. Aus Gründen des Drehimpulses war das Elektron als Grundbaustein der Kerne ausgeschlossen. Da der ganzzahlige Spin des Stickstoff-14 erfordert, daß er aus einer geraden Zahl von Teilchen zusammengesetzt ist, wurde von theoretischer Seite die Existenz des Neutrons vorausgesagt.

Siehe Figur 2.1. Experimente mit Stickstoff-14 stellten aber außer Zweifel, daß er einen quantenmechanischen Spin von dem ganzzahligen Werte Eins hat. Dieses Paradoxon würde sich lösen, wenn Stickstoff-14 aus sieben Protonen und sieben anderen Teilchen bestände, die elektrisch neutral wären, eine Masse ähnlich der des Protons hätten und den Spin 1/2 besäßen. Ein solches Teilchen, bekannt als Neutron, wurde 1932 entdeckt.

Neutronen

In ihren frühen Arbeiten über Radioaktivität entdeckten Lord Rutherford und seine Mitarbeiter, daß Alphateilchen, die von schweren, unstabilen Kernen emittiert werden, mit stabilen Kernen in Wechselwirkung treten und sie in andere atomare Elemente überführen können. Wenn beispielsweise Alphateilchen (bestehend aus zwei Protonen und zwei Neutronen) auf ein Stickstoff-14-Target (sieben Protonen und sieben Neutronen) gerichtet werden, so kann ihre Wechselwirkung Sauerstoff-17 (acht Protonen und neun Neutronen) und ein Proton erzeugen. Wenn die Alphateilchen auf Targets aus den leichten Elementen Bor und Beryllium gerichtet wurden, so war eines von den Reaktionsprodukten eine sehr durchdringende Strahlung. Zwei Jahre nach dieser Entdeckung, 1932, zeigte James Chadwick, der mit Rutherford am Cavendish-Laboratorium arbeitete, daß diese Strahlung aus elektrisch neutralen Teilchen besteht, mit einer Masse ähnlich der des Protons.

Elektrisch geladene Teilchen wie das Elektron oder das Proton können leicht nachgewiesen werden. Wenn geladene Teilchen gewöhnliche Materie durchdringen, so ionisieren sie die Atome längs ihres Weges. Diese ionisierten Atome erscheinen auf photographischen Filmen, oder sie können mit einfachen Instrumenten als ein elektrischer Strom nachgewiesen werden. Umgekehrt lassen sich die geladenen Originalteilchen auf elektrischem Wege registrieren. Keine dieser Techniken spricht jedoch auf ungeladene Teilchen wie das Neutron an; diese müssen daher indirekt nachgewiesen werden. Chadwicks Verfahren war, die in der Alpha-Beryllium-Reaktion erzeugten Neutronen in eine Detektorkammer zu leiten, die Wasserstoff enthielt. Wenn ein Neutron ein Wasserstoffatom traf, so wurde der größte Teil der Energie auf den Kern, in diesem Fall also auf das Proton übertragen. Die Protonenspuren konnten genau vermessen werden, und durch Bestimmung des von den Protonen absorbierten Energiebetrages konnte Chadwick sagen, daß die Masse des Neutrons um ein weniges größer ist als die Masse des Protons.

Den Physikern kam die Entdeckung des Neutrons sehr gelegen. Atome zusammengesetzt aus Elektronen, die einen Kern von Protonen und Neutronen umliefen, lösten viele Probleme der Atomstruktur. Überdies bestärkte dieses Modell den Glauben, daß alle Materie zuletzt aus einigen wenigen Elementarteilchen zusammengesetzt ist. (Beiläufig ergibt sich eine unkomplizierte Erklärung für den Betazerfall und den Ursprung der Kernelektronen daraus, daß im Innern eines unstabilen Kernes ein Neutron spontan in ein Proton, ein Elektron und ein drittes Teilchen übergehen kann, das man Neutrino nennt und dem wir noch später in diesem Kapitel begegnen werden. Wenn ein Neutron von seiner nuklearen Umgebung frei ist, zerfällt es in diese drei Teilchen; innerhalb stabiler Kerne sind jedoch die Neutronen daran verhindert, auf diesem Wege zu verschwinden.) Leider begann, als die Physiker tiefer in den Kern eindrangen, der Glaube an dieses einfache Modell zu wanken. Er brach endgültig zusammen, als neue Teilchen anfingen, in Scharen aufzutreten.

Antimaterie

Das nächste Teilchen, das die Szene betrat, beschwor kühne Bilder in den Köpfen vieler Wissenschafter; es ist immer noch ein Favorit für Utopienschreiber. Ich spreche von Antimaterie und Antiteilchen. Für jedes Teilchen gibt es ein Antiteilchen; bei einem Zusammentreffen vernichtet ein Antiteilchen sein korrespondierendes Teilchen sowohl als sich selbst. Alles was übrig bleibt, sind entweder Gammastrahlen oder Mesonen (siehe unten). Die Existenz der Antiteilchen wurde vier Jahre vor der Entdeckung des ersten von ihnen durch den britischen Theoretiker P.A.M. Dirac vorausgesagt. Gegen Ende der 20er Jahre entwickelte er eine Theorie des Elektrons, die Einsteins spezielle Relativitätstheorie mit der neuen Quantenmechanik vereinigte. Die Diracsche Gleichung, die heute in weitem Umfange von Physikern angewendet wird, hat eine mathematische Lösung, die nicht das Elektron beschreibt, wie wir es kennen. Sie beschreibt vielmehr ein Elektron mit „negativer Energie". Nach Diracs Deutung dieses Resultates sollte eine Partikel mit derselben Masse wie das Elektron, jedoch mit positiver Ladung, wirklich existieren. In der Tat entdeckte im Jahre 1932 C.D. Anderson am California Institute of Technology in den kosmischen Strahlen, die auf die Erde einfallen, ein Teilchen, das dieselben Eigenschaften wie die hypothetische Dirac-Partikel hatte. Es wird das Positron genannt. Wenn ein Elektron und ein Positron zusammentreffen, zerfallen sie in Gammastrahlen.

Als Dirac entdeckte, daß seine Gleichung Lösungen mit negativer Energie hat, wußte er, daß, wenn die Gleichung ein vernünftiges Abbild der Natur war, die Elektronen es schwer haben würden zu existieren. Wie in Figur 2.2 gezeigt, gibt es eine unendliche Zahl von

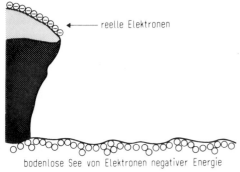

Figur 2.2. Diracs unendliche See von Elektronen negativer Energie. Wenn die See vollständig mit Elektronen negativer Energie gefüllt ist, können reelle Elektronen nicht hineinstürzen und verschwinden. Wenn ein Elektron aus der See herausgeschleudert wird, so läßt es eine Blase zurück, die das Antielektron oder Positron bildet.

möglichen Zuständen im negativen Energiebereich; ein „wirkliches" Elektron wird immer dem niedrigsten Energiezustand zustreben — ähnlich einer Kugel, die bergab rollt. Alle negativen Energiezustände müssen daher vollständig mit Elektronen gefüllt sein, um zu verhindern, daß Elektronen positiver Energie aus der reellen Welt herausstürzen. Nach diesem Bilde ist die Welt erfüllt von einer „unendlicher See von Elektronen negativer Energie".

Wenn eines von den Elektronen in der See von einer äußeren Quelle genügend Energie empfängt, um aus der See in die positiven Energiezustände gehoben zu werden, so wird eine „Blase" oder ein Loch übrigbleiben. Es ist dieses Loch, das sich wie ein Positron verhält. Den Physikern ist wohlbekannt, daß ein energiereicher Gammastrahl ein Elektron-Positron-Paar erzeugen kann, wenn er an einem schweren Kern vorbeifährt. Dieses Phänomen wird als „Paarerzeugung" bezeichnet (der Kern ist nur Zuschauer, der zur Impulserhaltung benötigt wird — siehe Kapitel 4). Viele Physiker finden keinen Gefallen an einem Universum, das von einer unsichtbaren und unfühlbaren See von Elektronen negativer Energie erfüllt ist. Es hat andere, gleich bizarre Interpretationen von Diracs Gleichungen gegeben, aber diese ist am einfachsten zu verstehen.

Die Nebelkammer

Nach der Entdeckung des Positrons durch Anderson wurden in der kosmischen Strahlung noch verschiedene andere neue Teilchen entdeckt. Die primären kosmischen Strahlen, die hauptsächlich aus hochenergetischen Protonen bestehen, stammen aus einer unbekannten Quelle im Weltraum. Sie treten mit der Erdatmosphäre in Wechselwirkung und erzeugen zahlreiche Sekundärteilchen, von denen das Positron eines ist. Zum Studium der Teilchen-Wechselwirkungen sind verschiedene Techniken entwickelt worden. Anderson bediente sich eines Apparates, der 1912 von C.T.R. Wilson am Cavendish Laboratorium in Cambridge entwickelt wurde und als Nebelkammer bekannt ist. Wenn geladene Teilchen durch ein Gas laufen, so ionisieren sie es. Wilson bemerkte, daß in einem übersättigten Gase die Gasmoleküle sich an den Ionen kondensieren und eine Spur bilden, die photographiert werden kann. Er benutzte eine Mischung von Luft und Wasserdampf, die übersättigt wurde, wenn man das Kammervolumen plötzlich vergrößerte.

Geladene Teilchen können auch Spuren in photographischen Emulsionen hinterlassen. Emulsionen sind immer noch nützlich für einige Typen von Experimenten, obschon ihr Gebrauch im ganzen zurückgegangen ist.

Die Identifizierung von Teilchenspuren

Wenn man die Spuren erhalten hat, müssen sie gedeutet werden. Die Physiker benutzen verschiedene einfache Kunstgriffe, um die Spuren, die von verschiedenen Teilchen hinterlassen werden, zu unterscheiden. In manchen Fällen liegt aber die Deutung nicht so auf der Hand. Wenn geladene Teilchen ein Magnetfeld durchlaufen, so wird ihre Bahn gekrümmt. Der Krümmungsradius hängt von der Größe der Masse und Ladung des Teilchens und von seiner Geschwindigkeit ab. Die Richtung der Krümmung bestimmt sich daraus, ob das Vorzeichen der Ladung positiv oder negativ ist. Figur 2.3 gibt die Nebel-

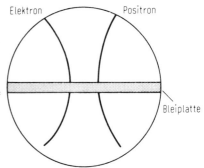

Figur 2.3. Darstellung einer Nebelkammer-Photographie, die die Entdeckung des Positrons veranschaulichen soll. Das Positron verliert beim Durchsetzen der Bleiplatte den gleichen Energiebetrag wie ein Elektron. Die verschiedene Richtung der Bahnkrümmung im Magnetfelde bedeutet, daß die elektrische Ladung des Positrons der des Elektrons entgegengesetzt ist.

kammer-Spur wieder, mit der Anderson das Positron identifizierte. Die Krümmung der Spur in dem überlagerten Magnetfeld ändert sich, wenn das Teilchen durch die Bleiplatte geht. Der Betrag der Änderung hängt ab von dem Energiebetrag, der von dem Teilchen an die Bleiatome abgegeben wird. Bei einem bestimmten Energiebetrag weist eine Elektronenspur eine charakteristische Änderung der Krümmung auf. Anderson sah eine Spur, die genau wie eine Elektronenspur aussah, nur daß sie in der entgegengesetzten Richtung gekrümmt war. Seine Deutung, die sich bestätigt hat, war, daß er ein positiv geladenes Elektron oder ein Positron gesehen hatte.

Eine andere Technik zur Unterscheidung verschiedener Teilchen stützt sich auf die Zahl der Ionen, die sie längs ihrer Spur erzeugen. In einer photographischen Emulsion zum Beispiel wird die Dichte der Spur, oder grob gesprochen ihre Dicke, benutzt, um das einfallende Teilchen zu identifizieren.

Mit Hilfe von Emulsionen und Nebelkammern entdeckten kosmische-Strahlen-Forscher in den 30er und 40er Jahren neue Teilchen mit Massen zwischen denen des Protons und des Elektrons. Diese Teilchen wurden kollektiv „Mesonen" genannt, nach dem griechischen Worte für „das Mittlere". Wie wir aber in Kürze sehen werden, war eines von den ursprünglichen Mesonen unzutreffend benannt, denn es hat sehr andere Eigenschaften als der Rest der Mesonen.

Mesonen

Die Mesonen-Saga beginnt mit Hideki Yukawa, dem großen japanischen theoretischen Physiker. Auf seiner Suche nach dem, was die Protonen und Neutronen im Kern bindet, nahm Yukawa 1935 an, daß die Kernkraft von einem Teilchen getragen wird, das ungefähr zweihundertmal schwerer ist als das Elektron. Yukawas Idee analogisiert die theoretischen Verhältnisse bei der elektromagnetischen Kraft. Die elektrische Wechselwirkung zwischen geladenen Teilchen kann beschrieben werden als Austausch eines Quantums (oder Energieeinheit) des elektromagnetischen Feldes. Ein solches Energiebündel benimmt sich zuweilen wie ein Teilchen und wird „Photon" genannt, nach dem griechischen Wort für Licht. (Gammastrahlen sowohl wie sichtbares Licht sind aus Photonen zusammengesetzt.) Geladene Teilchen können über sehr große Entfernungen Kräfte aufeinander ausüben, und eine Folge davon ist, daß der Überträger des elektromagnetischen Feldes, eben das Photon, eine sehr kleine Masse hat. Dieses Resultat ist nicht selbstverständlich, aber es ist in der mathematischen Theorie enthalten. Im Gegensatz dazu sind Kernkräfte nur über sehr kurze Entfernungen wirksam. Experimente, zuerst unter der Leitung von Lord Rutherford und anderen, zeigten, daß die Reichweite der Kernkräfte zwischen Nukleonen (ein Gattungsname, der Protonen und Neutronen zusammenfaßt) weniger als 10^{-12} cm beträgt. Yukawa benutzte diese Information, um die Eigenschaften seines Teilchens zu postulieren. Diese Mesonen sind, schlicht gesprochen, der nukleare Leim, der den Kern zusammenhält.

Die physikalische Welt war sehr gespannt, als in zwei getrennten Nebelkammerversuchen Teilchen entdeckt wurden, in denen man die Yukawa-Teilchen vermutete. C.D. Anderson und unabhängig E.C. Stevenson von der Universität Harvard beobachteten kosmische-Strahlen-Teilchen mit einer Masse von ungefähr zweihundertmal der des Elektrons. Obwohl sie so schwer waren wie die hypothetischen Yukawa-Mesonen, ergaben sich verschiedene Schwierigkeiten. Insbesondere trat das von Anderson entdeckte Teilchen nicht so stark wie erwartet mit Kernen in Wechselwirkung und konnte daher nicht der nukleare Leim sein. Ein Dezennium hindurch war die Situation undurchsichtig, bis drei kosmische-Strahlen-Physiker von der Universität Bristol in England das richtige Teilchen fanden. C.M.G. Lattes, G. Occhialini und C.F. Powell beobachteten in ihren Spezialemulsionen, die den kosmischen Strahlen auf einem Berggipfel ausgesetzt worden waren, eine ungewöhnliche Spur. Figur 2.4 ist eine Kopie einer ihrer Emulsions-Aufnahmen. Der erste Teil der Spur wird von einem Meson erzeugt, von dem jetzt bekannt ist, daß es ähnliche Eigenschaften wie das Yukawa-Meson hat. Es zerfällt in ein anderes Meson, das die von Anderson zehn Jahre früher beobachtete Partikel ist. Diese Partikel zerfällt dann in ein wohlbekanntes Teilchen – das Elektron. Powell und seine Mitarbeiter nannten das Primärteilchen ein Pi(π)-Meson und das sekundäre, leichtere My(μ)-Meson. Untersuchungen dieser kosmischen Strahlen zeigten, daß das Pi-Meson (abgekürzt zu Pion) ungefähr 250mal schwerer ist als das Elektron. Es tritt auch stark in Wechselwirkung mit Kernen. Diese Eigenschaft erklärt zum Teil, warum das Pi-Meson niemals in kosmischen Strahlen auf Meeresniveau beobachtet wurde. Pionen werden in der hohen Atmosphäre von primären kosmischen Strahlen erzeugt, die auf Luftmoleküle treffen. Die Pionen werden aber in der weiter von ihnen durchlaufenen Atmosphäre absorbiert und haben nur eine geringe Chance, bis zu ihrem Grunde durchzudringen. Selbst in Detektoren auf hohen Bergen sind sie, obschon nachweisbar, relativ selten.

Andererseits durchdringen My-Mesonen (die jetzt Myonen genannt

Figur 2.4. Kopie einer Emulsionsspur. Sie zeigt die Entdeckung des Pi-Mesons oder Pions. Es zerfällt in ein Myon, das dann in ein Elektron zerfällt.

werden, da sie sehr verschieden von anderen Mesonen sind) die Atmosphäre leicht und sind der Hauptbestandteil der kosmischen Strahlen auf Seeniveau. Myonen werden zuweilen „schwere Elektronen" genannt. Detaillierte Studien in den vergangenen fünfunddreißig Jahren haben außer den Eigenschaften, die direkt von ihrer Massendifferenz abhängen, keinen Unterschied zwischen dem Elektron und dem Myon ergeben. Warum das Myon existiert und wie es sich in das Schema der Dinge einpaßt, ist eines der größten Geheimnisse der Teilchenphysik.

Wenn ein Proton und Neutron sich aneinander streuen, so tauschen sie voraussetzungsgemäß ein geladenes Pion aus. Das Pion kann entweder positive oder negative Ladung haben. Aber auch zwei Protonen oder zwei Neutronen können sich über die Kernkraft streuen. In diesem Falle kann das ausgetauschte Pion keine elektrische Ladung haben, denn wenn das der Fall wäre, so würde sich das Proton in ein Neutron verwandeln und umgekehrt. Siehe Figur 2.5. Um hier einen

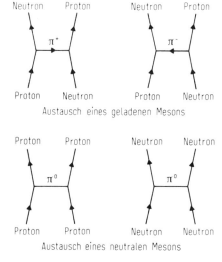

Figur 2.5. Wechselwirkungen zwischen Protonen und Neutronen können durch den Austausch von geladenen Pionen erklärt werden. Ein drittes Pion, das neutrale, wird benötigt, um die Wechselwirkung zwischen gleichartigen Nukleonen zu erklären. In diesen Diagrammen, die nach Richard Feynman vom California Institute of Technology als Feynman-Diagramme bezeichnet werden, schreitet die Zeit von unten nach oben fort.

Ausweg zu schaffen, erweiterte 1937 der britische Physiker N. Kemmer die Yukawasche Hypothese durch die Annahme, daß es eine dritte Art von Pi-Mesonen – ohne elektrische Ladung – gäbe. Dieses neutrale Pi-Meson macht die Erklärung der mesonischen Austauschkräfte zwischen Nukleonen vollständig. Es trug auch zur Lösung eines Problems bei, das bei den kosmischen Strahlen auftritt. J. Robert Oppenheimer, in manchen Kreisen als „Vater der Atombombe" bekannt, stellte 1947 die Hypothese auf, daß das neutrale Pi-Meson, wenn es bei einer Kernreaktion ausgestoßen wird, sehr schnell in zwei Photonen zerfällt. Die Photonen aus diesem Zerfall konnten dann möglicherweise die Schauer nieder-energetischer Photonen erzeugen, die beobachtet werden, wenn kosmische Strahlen die Atmosphäre treffen.

Als vom Menschen gebaute Beschleuniger in den 50er Jahren anfingen, hochenergetische Teilchen zu erzeugen, begann von mehreren Seiten die Suche nach dem neutralen Pion. Die Experimente waren nicht leicht, da das Pion keine Ladung und eine sehr kurze Zerfallszeit hat. Aber an der Universität von Kalifornien entdeckte eine Gruppe von Experimentatoren in Emulsion zwei Elektron-Positron-Paare, die aus den zwei Zerfalls-Photonen des neutralen Pions entsprangen. Aus diesen Daten konnten sie die Bahn des Pions und die Distanz, die es vor dem Zerfall durchlaufen hatte, rekonstruieren. Diese Information lieferte eine Pionen-Lebensdauer von 10^{-16} Sekunden. Bis vor ganz kurzem war dies die kürzeste Lebensdauer, die direkt gemessen wurde.

Neutrinos

Inzwischen, noch im vierten Dezennium dieses Jahrhunderts, hatte der wohlbekannte deutsche Physiker Wolfgang Pauli ein sehr sonderbares Teilchen postuliert, das der Italo-Amerikaner Fermi später das Neutrino („das kleine Neutrale") taufte. Pauli nahm die Existenz dieser ladungs- und masselosen Teilchen, die mit Lichtgeschwindigkeit laufen, an, um einige der bestgehegten Prinzipien der Physik vor dem Sturze zu bewahren. Die Hinweise, die zu dem Neutrino führten, kamen von dem nuklearen Betazerfall, der Emission eines Elektrons durch einen unstabilen Kern. Das Problem, wie es ursprünglich in den 30er Jahren den Physikern entgegentrat, ist, daß Energie- und Impulserhaltung verletzt werden, wenn das Elektron das einzige Teilchen ist, das im Betazerfall emittiert wird. Daß Energie nicht erzeugt oder zerstört werden kann, ist vielleicht der tiefstliegende Lehrsatz aller physikalischen Wissenschaften. Energie schließt hier Masse ein, da eine direkte Beziehung zwischen Masse und Energie besteht, wie sie sich ausdrückt in Einsteins berühmter Gleichung $E = mc^2$, wo E die Energie, m die Masse und c die Lichtgeschwindigkeit sind. Im Betazerfall schien aber Energie vernichtet zu werden. Beispielsweise werden beim Zerfall des Isotops Wismut-210 (bekannt damals als Radium E) in Polonium-210 die Elektronen nicht mit einer wohldefinierten Energie ausgesandt, sondern sie haben einen weiten Bereich von Energien, der von Null bis zu einem Maximum reicht. Wenn die Energie erhalten bliebe, sollten die Elektronen immer den Maximalbetrag der Energie mit sich führen; er entspricht der Massendifferenz zwischen den Wismut- und Polonium-Isotopen. Die Energieerhaltung konnte gerettet werden, wenn ein noch ungesehenes Teilchen von Masse und Ladung Null das Elektron begleitete. Pauli sagte noch andere Eigenschaften dieses sonderbaren Teilchens voraus, wie seinen Eigen-Spindrehimpuls.

Obwohl das Neutrino nur ein Gedankending in Paulis Geist war, waren die Gründe für seine Existenz so zwingend, daß es bereitwillig von den Physikern angenommen wurde. Enrico Fermi benutzte das Konzept des Neutrinos 1934, um eine Theorie des Betazerfalls zu entwickeln, die Energie und Impuls konservierte und die Energieverteilung der emittierten Elektronen wiedergab. Die grundlegende mathematische Form von Fermis Theorie wird noch heute benutzt, um den Betazerfall zu beschreiben. Die Theorie sagt voraus, daß Neutrinos äußerst selten mit Materie reagieren. Diese Eigenschaft macht den Neutrino-Nachweis sehr schwierig, da ein Strahl von diesen Teilchen so gut wie ungeschwächt durch den ganzen Durchmesser der Erde geht. Trotz dieser schlechten Voraussetzungen gelang zwei Amerikanern, F. Reines und R.D. Cowan, Ereignisse zu beobachten, die auf Neutrinos zurückzuführen sind. In Wirklichkeit beobachteten sie Antineutrinos; aber 1956, zu der Zeit, als sie ihr Experiment ausführten, wurde schon allgemein angenommen, daß jedes Teilchen sein Antiteilchen hat.

Reines und Cowan suchten mit Hilfe eines starken Flusses von Antineutrinos aus einem Kernreaktor am Savannah River in Georgia nach einer Reaktion, die eine Abwandlung des normalen Neutronenzerfalls ist. Ein von seiner nuklearen Umgebung freies Neutron zerfällt mit einer Lebensdauer von etwa siebzehn Minuten in ein Proton, ein Elektron und ein Antineutrino. Dieses Ereignis ist das einfachste Beispiel für den Betazerfall. Es kann symbolisch geschrieben werden $n \to p + e^- + \bar{\nu}$, wo n das Neutron, p das Proton, e^- das Elektron und $\bar{\nu}$ das Antineutrino ist. (ν ist das Symbol für das Neutrino, und sein Antiteilchen wird mit einem Querstrich darüber geschrieben. Es gibt einige wenige Ausnahmen von dieser Konvention betreffend Antiteilchen. Ein Beispiel ist das Positron oder Antielektron, das als e^+ bezeichnet wird. Es könnte auch $\bar{e}$ geschrieben werden.) Cowan und Reines wiesen das erzeugte Neutron und Positron durch die Reaktion $\bar{\nu} + p \to n + e^+$ nach. Diese Reaktion ist in jeder Hinsicht dasselbe wie der normale Neutronenzerfall. Der Zeitpfeil, der die Richtung einer Reaktion anzeigt, ist für mikroskopische Ereignisse nicht eindeutig und kann für alle bekannten Reaktionen umgekehrt werden. Ferner geht ein Teilchen, wenn es von einer Seite der Gleichung auf die andere gesetzt wird, in sein Antiteilchen über. Die Emission eines Neutrinos ist äquivalent der Absorption eines Antineutrinos. So sind alle die folgenden Reaktionen theoretisch möglich, obwohl die Wahrscheinlichkeit für ihr Auftreten und ihren Nachweis klein sein kann:

$$n \to p + e^- + \bar{\nu}$$
$$n + e^+ \to p + \bar{\nu}$$
$$\bar{\nu} + p \to n + e^+$$
$$e^- + p \to n + \nu$$
$$e^- + \bar{n} \to \bar{p} + \nu \quad \text{etc.}$$

In den 60er Jahren wurde noch eine andere Art von Neutrino entdeckt. Dies ist mit dem Myon verknüpft, während das früher entdeckte zum Elektron gehört. Es ist immer noch vollkommen rätselhaft, warum es zwei Arten von Neutrinos gibt. Wenn die Möglichkeit einer Verwechslung besteht, werden sie getrennt als ν_μ und ν_e bezeichnet. Blicken wir zurück auf Figur 2.4! Die Knicke in den Spuren, wo das Pion in ein Myon und das Myon in ein Elektron übergeht, können auch durch die folgende Sequenz von Reaktionen beschrieben werden:

$$\pi^- \to \mu^- + \bar{\nu}_\mu \qquad\qquad \pi^+ \to \mu^+ + \nu_\mu$$
$$\mu^- \to e^- + \bar{\nu}_e + \nu_\mu \quad \text{oder} \quad \mu^+ \to e^+ + \nu_e + \bar{\nu}_\mu$$

Wie wir in Kapitel 3 sehen werden, waren diese Reaktionen sehr wichtig bei der Klärung eines Grundprinzips der Physik, nämlich der Paritätserhaltung.

Eine Flut von Teilchen

1947 war die Gesamtzahl der Teilchen noch zu bewältigen. Sie umfaßte Elektron, Positron, Photon, Proton, Neutron und die beiden Antipartikel-Paare — die positiven und negativen Myonen und die positiven und negativen Pionen. Neben diesen neun Teilchen waren fünf andere von gewichtigen theoretischen Gründen gestützt: das Neutrino, Antineutrino, das neutrale Pion, das Antiproton und Antineutron. Dann wurde eine ganze neue Klasse, die sogenannten seltsamen Teilchen, identifiziert, nachdem sie zuerst in der kosmischen Strahlung entdeckt worden waren. Zugleich trieben neue Entwicklungen auf dem Gebiete der Teilchenbeschleuniger die Entdeckung von noch mehr Partikeln voran und erleichterten die Untersuchung ihrer Eigenschaften. In acht kurzen Jahren hatten die Partikel-Physiker über dreißig Objekte, die sie Elementarteilchen zu nennen versuchten. Danach gab es eine Flaute bis 1960, als sich die Tore der Flut erneut öffneten mit der Entdeckung von „resonanten" Teilchen.

Ihre Entdeckung folgte auf die Entwicklung einer neuen Art von Nachweisgerät — der Blasenkammer. Ob diese extrem kurzlebigen Resonanzen Teilchen sind oder nicht, ist noch eine offene Frage.

Wie sie auch entschieden werden mag, es ist kein Zweifel, daß Resonanzen einen vollgültigen Part in jeder Theorie der Elementarteilchen spielen werden. Sie werden in größerem Detail in Kapitel 5 abgehandelt. Gegenwärtig gibt es, mit Einschluß der Resonanzen, weit über einhundert „elementare" Teilchen.

Das erste Anzeichen, daß die Partikel-Situation nicht so einfach war, kam 1947, als G.D. Rochester und C.C. Butler von der Universität Manchester Spuren wie die in Figur 2.6 wiedergegebenen beobachteten.

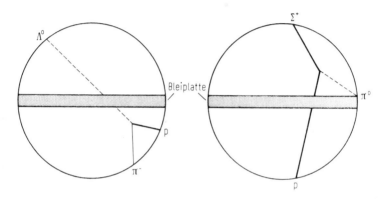

Figur 2.6. Nebelkammer-Spuren von seltsamen Teilchen, die von kosmischen Strahlen erzeugt werden. Links hinterläßt der Zerfall eines neutralen Hyperons eine V-Spur, gebildet von zwei geladenen Teilchen. Rechts zerfällt ein geladenes Hyperon in ein anderes schweres, geladenes und ein leichtes, neutrales Teilchen.

Sie hatten ihre Nebelkammer auf einem Berggipfel-Laboratorium kosmischen Strahlen ausgesetzt und diese „V-Teilchen" registriert. In dem ersten Beispiele wurden zwei geladene Teilchen, ein Proton und ein negatives Pion, durch den Zerfall einer neutralen Partikel erzeugt, die eine Masse größer als die des Protons hatte. Wie alle neutralen Teilchen hinterließ sie keine Spur. Diese Partikel wurde das Lambda-Null (Λ°) genannt. In einer anderen Nebelkammer-Aufnahme wurde ein geladenes Teilchen schwerer als das Proton entdeckt. Dieses Teilchen, bekannt als das Sigma-Plus (Σ^+) und das Lambda-Null waren zwei Mitglieder einer Klasse von Teilchen, die als Hyperonen bekannt sind (von dem griechischen Worte für „allzuviel" oder „übermäßig"). Alle Hyperonen sind schwerer als die Nukleonen (Protonen und Neutronen).

Teilchenbeschleuniger

Obwohl die Arbeiten an der kosmischen Strahlung den Weg wiesen, wurde der volle Datenreichtum doch erst durch den Einsatz von Teilchenbeschleunigern aufgeschlossen. Die ersten Beschleunigertypen, die für die Partikel-Physiker von Interesse waren, wurden dem Zyklotron nachgebildet, das von dem kalifornischen Physiker E.O. Lawrenc ersonnen war. Die frühen Zyklotrons waren nicht stark genug, um Elementarteilchen zu erzeugen, obschon sie nützlich für Studien am Atomkern waren. Für höhere Energien ist die Stabilität des Zyklotrons unvermeidlich gestört. Die Zyklotron-Bedingung erfordert, daß die Partikel-Masse konstant bleibt; aber leider vergrößert sich die Masse des beschleunigten Protons bei hohen Energien nach der Relativitätstheorie. Diese Beschränkung wurde etwa 1945 überwunden, als V. Veksler in Moskau und E.M. McMillan an der Universität von Kalifornien ein Schema vorschlugen, das der Massenveränderlichkeit Rechnung trägt. In diesen Beschleunigern, die als Synchrozyklotrons bekannt sind, treffen die beschleunigten Teilchen das Target nicht in einem kontinuierlichen Strome, sondern in Schüben.

Die Erforschung der Welt der Elementarteilchen ohne die Hilfe der kosmischen Strahlen begannen die Physiker 1948, als Pionen am 184-Zoll-Synchrozyklotron (184 Zoll = 4,67 m) an der Universität von Kalifornien erzeugt wurden. Dieser Maschinentyp kann Protonen mit Energien von etwa 300 MeV erzeugen, die beim Auftreffen auf ein stationäres Target reichliche Mengen von Pionen mit einer Masse vo 140 MeV*⁾erzeugen können. Etwa zur selben Zeit begannen auch Elektronenbeschleuniger, bekannt als Synchrotrons, mit der Produktio

---

* Das Elektronen-Volt (eV), eine Energieeinheit, wird oft von Physikern verwendet, um die Bewegungsenergie auszudrücken, die ein beschleunigtes Teilchen besitzt; sie wird auch als Maß für die Ruhmasse von Teilchen benutzt, gemäß der Äquivalenz von Energie und Masse, wie sie sich in Einsteins Gleichung $E = mc^2$ ausdrückt. 1 Elektronen-Volt ist der Energiebetrag, den eine Partikel von der elektrischen Ladung des Elektrons erworben hat, wenn sie durch eine elektrische Spannung von 1 Volt beschleunigt ist. 1 MeV (Million Elektronen-Volt) ist gleich 10^6 eV. 1 GeV (Giga-Elektronen-Volt) ist gleich 10^9 eV oder 1000 MeV. Dieses Symbol ist dem BeV (Billion Elektronen-Volt), das in USA verwendet wird, vorzuziehen, da Billion in Europa eine Million Millionen, in USA hingegen 1000 Millionen bedeutet.

Die Masse des Elektrons, die zu $9.1 \cdot 10^{-28}$ Gramm gemessen ist, wird bei Konversion in das Elektronen-Volt-System gleich 0.511 MeV. Die letzten Messungen lassen darauf schließen, daß das Pion ungefähr 270mal schwerer ist als das Elektron, mit einer Masse von ungefähr 140 MeV.

von 450-MeV-Elektronen. Diese Energie genügt zur Erzeugung von Pionen. In Synchrotrons werden die Teilchen längs eines Kreises beschleunigt, während sie in Zyklotrons im Zentrum der Maschine starten und in dem Maße, wie sie Energie gewinnen, in Spiralen nach außen laufen. Linearbeschleuniger, bekannt als „Linacs", werden auch in der Partikelphysik verwendet.

Proton-Synchrotrons liefen in den USA 1955 an. Das 3-GeV-„Kosmotron" in Brookhaven im Staate New York und das 6-GeV-„Bevatron" an der Universität von Kalifornien konnten für das Studium von Hyperonen, anderen seltsamen Teilchen, schweren Antiteilchen und der kurzlebigen Resonanzen eingesetzt werden. Die Beschleunigertechnik hat seit 1955 einen langen Weg zurückgelegt. Die USA stellen gerade ein 500-GeV-Proton-Synchrotron (acht Kilometer im Umfange) in Batavia, Illinois, fertig*). Die Gemeinschaft der europäischen Partikel-Physiker beginnt mit dem Bau einer 200-GeV-Maschine in Genf; die Sowjets hatten bis dahin die Führung mit einem 70-GeV-Beschleuniger in Serpukhov. Die wesentliche Grenze für die Größe dieser Maschinen scheint durch das Geld gesetzt zu sein. Sie sind fürchterlich teuer und erfordern für ihren Bau die Finanzierung durch nationale Regierungen. Da Partikelphysik keine unmittelbaren militärischen, technischen oder sozialen Auswirkungen hat, läßt sich erwarten, daß die Bäume nicht in den Himmel wachsen.

Teilchen-Detektoren

Die Entwicklung der Beschleuniger wurde begleitet von einer gleichermaßen eindrucksvollen Verbesserung der Teilchen-Detektoren und der Datenverarbeitungs-Technik. In den meisten modernen Experimenten werden Teilchenbahnen entweder in Szintillationszählern oder in Blasen- oder Funkenkammern nachgewiesen. Wenn geladene Teilchen szintillationsfähiges Material passieren, erzeugen sie einen Lichtblitz, der von Photorezeptoren aufgefangen und mit Hochgeschwindigkeits-Elektronik analysiert werden kann. Mehrere Szintillationen können dazu dienen, die Bahn eines Teilchens festzulegen. Oft werden Szintillationen benutzt, um das Wirksamwerden einer Blasenkammer auszulösen, einer Einrichtung, die einer Nebelkammer ähnlich ist. Die meisten Blasenkammern enthalten flüssigen Wasserstoff bei Tempera-

---

* *Anmerkung des Übersetzers.* Der amerikanische Beschleuniger in Batavia ist seit 1972 in Betrieb und hat bereits wichtige Ergebnisse gebracht. Die große europäische 400-GeV-Maschine in Genf soll 1976 in Betrieb genommen werden.

turen von etwa zwanzig Grad über dem absoluten Nullpunkt. Man hält den Wasserstoff unter Druck, bis ein Bild gewünscht wird. Der Druck kann plötzlich herabgesetzt werden, und bevor der Wasserstoff stürmisch siedet, bilden sich an den Ionen in der Kielspur eines durchgehenden geladenen Teilchens Blasen. Die Blasen, die sich beim Öffnen einer Bierflasche bilden, entstehen nach einem ähnlichen Prinzip, nur daß diese Blasen sich an Staubteilchen ansetzen. Die Blasenkammer wurde 1952 von Donald Glaser, damals an der Universität von Michigan, erfunden; sie wurde aber zu einem Forschungsinstrument von Bedeutung erst, als Luis Alvarez und seine Mitarbeiter an der Universität von Kalifornien Blasenkammern in großen Ausmaßen entwickelten. Eine der größten in Betrieb befindlichen Blasenkammern steht bei CERN, dem Europäischen Zentrum für Kernforschung. Sie ist vier Meter lang. Blasenkammern haben gegenüber Nebelkammern oder Emulsionen verschiedene Vorteile. Sie sind sehr schnell wieder startbereit, so daß während einer gegebenen Zeit viele Aufnahmen gemacht werden können. Außerdem ist die Flüssigkeit sehr dicht, und in ihrem Volumen gibt es viel mehr Wechselwirkungen als in einem entsprechenden Gasvolumen. Figur 2.7 zeigt ein typisches Blasenkammerereignis.

Funkenkammern bilden eine neuere Entwicklung. Sie sind zusammengesetzt aus mehreren parallelen Platten, zwischen denen jeweils eine hohe Spannung angelegt wird. Wenn ein geladenes Teilchen diesen Plattensatz, der in eine gasgefüllte Kammer eingeschlossen ist, durchquert, so wird das Gas längs der Partikelbahn ionisiert, und über die kleine Lücke zwischen benachbarten Platten springt ein elektrischer Funke. Zwei Kameras nehmen ein Stereobild der Funken auf, die der Partikelbahn folgen. Funkenkammern arbeiten erheblich schneller als Blasenkammern. Diese Eigenschaft hilft den Experimentatoren, nur bei den Ereignissen, an denen sie interessiert sind, den Detektor auszulösen und sie zu photographieren.

Der primäre Protonenstrahl am 3-GeV-Kosmotron in Brookhaven war so intensiv, daß es möglich wurde, sekundäre Pionenstrahlen zu bilden, die dann in eine Blasenkammer geleitet wurden. Von 1953 an wurde der Pionenstrahl eingesetzt, um neue Teilchen durch die Wechselwirkungen mit den Protonen in dem flüssigen Wasserstoff zu erzeugen. Die Identität und die Eigenschaften der neuen Teilchen wurden bestimmt aus Messungen der Bahnkrümmung und -länge, wenn ein magnetisches Feld an die Blasenkammer gelegt wurde.

Seltsame Teilchen

Die ersten Teilchen, die aus dieser Analyse hervorgingen, waren die K-Mesonen (auch Kaonen genannt) und die Hyperonen, denen wir

Seltsame Teilchen 31

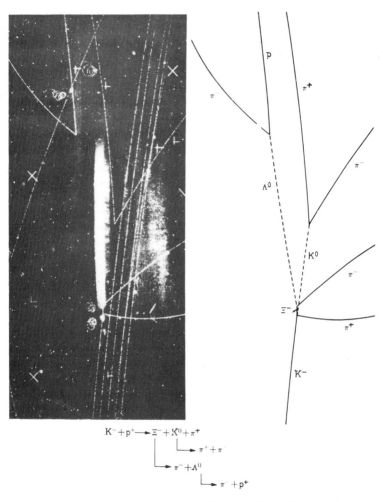

Figur 2.7. Blasenkammer-Photographie der Wechselwirkung eines negativen Kaons mit einem Proton. Die parallelen Linien sind Spuren des Strahls von negativen Kaonen, die durch den flüssigen Wasserstoff laufen. Das Magnetfeld verursacht bei ihnen eine leichte Krümmung nach rechts. Am Scheitelpunkt der Wechselwirkung hinterläßt das neutrale Kaon, das bei der Reaktion entsteht, keine Spur. Es zerfällt in zwei geladene Pionen, die eine V-Spur hinterlassen. Das negative Xi-Hyperon zerfällt in ein neutrales Lambda-Hyperon, das keine Spur hinterläßt, und ein negatives Pion. Wenn das Lambda in ein Proton und ein negatives Pion zerfällt, erscheint eine weitere V-Spur. Das Diagramm zur Rechten sollte das Ereignis deutlich machen. (Reproduktion mit frdl. Genehmigung des Rutherford High Energy Laboratory.)

früher in den kosmischen Strahlen begegnet sind. Sie vervollständigen die neunzehn Teilchen, die man die stabilen nennt und die in die Tabelle 2.1 aufgenommen sind. Aber bei genauerem Hinsehen wird man bemerken, daß nur das Photon, die Neutrinos, sowie Elektron und Proton wirklich stabil sind. In einem nuklearen Maßstab sind aber auch alle übrigen Teilchen stabil. Die meisten nuklearen Ereignisse spielen sich in Zeiträumen von 10^{-23} Sekunden ab. Die zwei neutralen Mesonen haben Lebensdauern von ungefähr 10^{-16} Sekunden; das bedeutet, sie existieren über die Länge einer Zeit, in der zehn Millionen Ereignisse stattfinden können. Die sehr kurzlebigen Partikel oder Resonanzen, die aus der Liste ausgeschlossen sind, werden in Kapitel 5 diskutiert. Sie existieren nur für 10^{-23} Sekunder

Kaonen und Hyperonen entstehen immer gemeinschaftlich miteinande In einer Partikel-Reaktion werden zwei oder mehrere von ihnen, aber niemals eines erzeugt. Diese Eigenschaft und anderes ungewöhnliches Verhalten, wie ihre Zerfallscharakteristiken, führte einige Theoretiker dazu, sie als seltsam zu betrachten. Partikeln, die sich so verhielten, wurde eine neue Eigenschaft beigelegt, die „Strangeness" genannt wird[*] und die ich weiter in Kapitel 4 diskutieren werde. Teilchen, die in der mit „Strangeness" bezeichneten Spalte der Tabelle eine von Null verschiedene Ziffer aufweisen, fallen in diese Kategorie.

Verschiedene weitere Hyperonen und Kaonen und ein neues Meson, das Eta (η), wurden in den wenigen Jahren nach 1953 mit Beschleunigern entdeckt und sind in die Liste aufgenommen.

Antiproton

Die Geschichte der Entdeckung der Elementarteilchen wäre nicht vollständig ohne Erwähnung des Antiprotons. Bis 1957, als das Antiproton am 6-GeV-Betatron an der Universität von Kalifornien beobachtet wurde, war das einzige positiv identifizierte Antiteilchen das Positron. Es war zu diesem Zeitpunkte keineswegs allgemein angenommen, daß zu allen Teilchen ein Antiteilchen gehörte. Tatsächlich hatte ein hervorragender theoretischer Physiker eine Wette von 500 Dollar zu bezahlen, als Emilio Segré, Owen Chamberlain, Clyde Wiegand und Tom Ypsilantis ihren Nachweis des Antiprotons publizierten. Das Betatron war im Hinblick auf dieses Experiment ge-

---

[*] *Anmerkung des Übersetzers.* Strangeness = „Seltsamkeit". Man gebraucht in Deutschland gewöhnlich den englischen Ausdruck, in der Hoffnung, daß sich einmal etwas Besseres findet.

Klasse	Name	Symbol	Anti-teilchen	Masse in MeV	Spin	Parität	Isospin Ge-samt	Isospin Dritte Komponente	Baryonen-zahl	Strange-ness	Lebensdauer in Sekunden	Hauptsächliche Zerfallsformen
Photon	Photon	γ	–	0	1	-1	–	0	0	0	–	stabil
Leptonen	Elektronen-Neutrino	ν_e	$\overline{\nu_e}$	0	1/2	–	–	–	0	–	–	stabil
	Myonen-Neutrino	ν_μ	$\overline{\nu_\mu}$	0	1/2	–	–	–	0	–	–	stabil
	Elektron	e^-	e^+	0.511	1/2	–	–	–	0	–	–	stabil
	Myon	μ^-	μ^+	105.6	1/2	–	–	–	0	–	2.2×10^{-6}	$\mu^\pm \rightarrow e^\pm + \nu_e + \nu_\mu$
Mesonen	Pion	$\pi^\pm$	$\overline{\pi^\mp}$	139.6	0	-1	1	1, -1	0	0	2.6×10^{-8}	$\pi^\pm \rightarrow \mu^\pm + \nu_\mu$
		π°	–	135.0	0	-1	1	0	0	0	0.9×10^{-16}	$\pi^\circ \rightarrow \gamma + \gamma$
	Kaon	K^+	K^-	493.8	0	-1	1/2	1/2, $-1/2$	0	1, -1	1.2×10^{-8}	$K^\pm \rightarrow \pi^\pm + \pi^\circ$ $K^\pm \rightarrow \pi^\pm + \pi^+ + \pi^-$
		K°	$\overline{K^\circ}$	497.8	0	-1	1/2	$-1/2, +1/2$	0	1, -1	0.9×10^{-10} 5.4×10^{-8}	$K_1^\circ \rightarrow \pi^+ + \pi^-$ $K_2^\circ \rightarrow \pi^+ + \pi^- + \pi^\circ$
	Eta	η°	–	548.8	0	-1	0	0	0	0	2×10^{-18}	$\eta^\circ \rightarrow \pi^+ + \pi^- + \pi^\circ$

Tab. 2.1. Stabile Teilchen. Wo in einer Kolonne zwei Ziffern erscheinen, bezieht sich die erste auf das Teilchen und die zweite auf das Antiteilchen. Wenn nur eine Ziffer erscheint, so gilt sie für Teilchen und Antiteilchen.

Tab. 2.1. (Fortsetzung)

Klasse	Name	Symbol	Anti-teilchen	Masse in MeV	Spin	Parität	Isospin Gesamt	Isospin Dritte Komponente	Baryonenzahl	Strangeness	Lebensdauer in Sekunden	Hauptsächliche Zerfallsformen
Baryonen Nukleonen	Proton Neutron	p^+ n	$\bar{p}^-$ $\bar{n}$	938.2 939.5	1/2 1/2	+1 +1	1/2 1/2	1/2, −1/2 −1/2, +1/2	1, −1 1, −1	0 0	— 0.9×10^3	stabil $n \to p^+ + e^- + \bar{\nu}_e$
	Lambda	$\Lambda^°$	$\bar{\Lambda}^°$	1115.6	1/2	+1	0	0	1, −1	−1, +1	2.5×10^{-10}	$\Lambda^° \to p^+ + \pi^-$ $\Lambda^° \to n + \pi^°$
Hyperonen	Sigma	Σ^+	$\bar{\Sigma}^-$	1189.4	1/2	+1	1	1, −1	1, −1	−1, +1	0.8×10^{-10}	$\Sigma^+ \to p^+ + \pi^°$ $\Sigma^+ \to n + \pi^+$
		$\Sigma^°$ Σ^-	$\bar{\Sigma}^°$ $\bar{\Sigma}^+$	1192.5 1197.3	1/2 1/2	+1 +1	1 1	0,0 −1, +1	1, −1 1, −1	−1, +1 −1, +1	$<1.0 \times 10^{-14}$ 1.5×10^{-10}	$\Sigma^° \to \Lambda^° + \gamma$ $\Sigma^- \to n + \pi^-$
	Xi	$\Xi^°$ Ξ^-	$\bar{\Xi}^°$ $\bar{\Xi}^+$	1314.7 1321.2	1/2 1/2	+1 +1	1/2 1/2	1/2, −1/2 −1/2, +1/2	1, −1 1, −1	−2, +2 −2, +2	3.0×10^{-10} 1.7×10^{-10}	$\Xi^° \to \Lambda^° + \pi^°$ $\Xi^- \to \Lambda^° + \pi^-$
	Omega	Ω^-	$\bar{\Omega}^+$	1672.5	3/2	+1	0	0,0	1, −1	−3, +3	1.3×10^{-10}	$\Omega^- \to \Xi^° + \pi^-$ $\Omega^- \to \Xi^- + \pi^°$ $\Omega^- \to \Lambda^° + K^-$

plant worden. Ältere Maschinen brachten nicht genug Energie auf, um dieses GeV-Antiteilchen zu erzeugen. Nach Bombardierung der Blasenkammer mit hochenergetischen Protonen registrierten Segré und seine Mitarbeiter eine Spur, die auf die Vernichtung eines Antiproton-Proton-Paares zurückzuführen war. Die Zerfallsprodukte waren drei oder mehr Pionen. Der Energiebetrag, den sie von dem Scheitelpunkte der Wechselwirkung davontrugen, war in den Grenzen des Experiments gleich den vereinigten Massen des vernichteten Paares.

Die Physiker sind sich nun einig darüber, daß alle Teilchen ein Antiteilchen mit komplementären Quanteneigenschaften, wie z.B. der entgegengesetzten elektrischen Ladung, haben. Drei Teilchen gibt es in Tabelle 2.1, für die kein Antiteilchen eingetragen ist. Hier besteht kein Unterschied zwischen Teilchen und Antiteilchen, da diese eigentümlichen Objekte ihre eigenen Antiteilchen sind.

3. Die verschiedenen Naturkräfte

Aus Untersuchungen über die Wechselwirkungen zwischen Elementarteilchen und zwischen ausgedehnteren Materiestücken haben die Physiker die Naturkräfte in vier verschiedene Gruppen einzuteilen gelernt. Eine von diesen, die Schwerkraft, wurde schon vor hunderten von Jahren von Naturphilosophen und anderen sonderbaren Vögeln erkannt. Paradoxerweise ist die Schwerkraft die am wenigsten verstandene. Andere Kräfte, die elektrischen und magnetischen, liegen auch im Bereiche der gewöhnlichen menschlichen Erfahrung. Elektromagnetische Kräfte binden Elektronen an Kerne und bilden Atome; sie binden Atome zu Molekülen und sind so verantwortlich für alle Chemie und Biologie. Jeder, der einmal einen Blitz gesehen hat oder der, nachdem er an einem trockenen Tage über einen dicken Teppich gegangen ist, von einem metallischen Objekt einen Schlag bekommen hat, weiß etwas über Elektrizität. Die beiden anderen Naturkräfte fallen in den Bereich der nuklearen Wechselwirkungen und sind uns nicht so vertraut. Sie werden die schwache nukleare Kraft und die starke nukleare Kraft oder kurzerhand die schwache und die starke Kraft genannt. Typische schwache Wechselwirkungen sind der nukleare Betazerfall und der langsame Zerfall von Elementarteilchen. Starke Kräfte sind die, die den Kern zusammenhalten. Neben anderen Reaktionen vermitteln sie den Austausch von Pionen zwischen Nukleonen (Protonen und Neutronen).

Eine Aufgabe dieses Kapitels ist, einige der Eigenschaften dieser Kräfte zu untersuchen und zu vergleichen. Neue experimentelle und theoretische Anzeichen sprechen dafür, daß es möglicherweise noch zwei weitere ungewöhnliche Kräfte gibt. Wenn schon diese neuen Kräfte, die superschwachen und die superstarken, vielleicht für die Erklärung seltener Phänomene benötigt werden, so spielen doch sehr wahrscheinlich die Schwerkraft, die elektromagnetische Kraft und die schwachen und starken Kräfte die Hauptrolle in der Gestaltung unserer Welt.

Einige Beispiele dürften nützlich sein, generell zu zeigen, wie sich die Kräfte unterscheiden. Starke Wechselwirkungen spielen sich sehr schnell ab. Die typische Zeitspanne für ein starkes Ereignis ist vergleichbar mit der Zeit, die ein mit Lichtgeschwindigkeit wanderndes Teilchen braucht, um den Durchmesser eines Protons zu durchlaufen – etwa 10^{-23} Sekunden. Pionen werden zwischen den Nukleonen in einem Kern in solchen Zeiträumen ausgetauscht, und Teilchenerzeugung in den Kollisionen kosmischer Strahlen oder in Blasenkammer-

Ereignissen findet in derartigen Zeiten statt. Wenn aber die in Tabelle 2.1 verzeichneten, stabilen Teilchen zerfallen, so sind ihre Lebensdauern viel länger. Hier muß ein anderer Prozeß wirksam sein, und das ist die schwache Wechselwirkung. Schwache Wechselwirkungen sind immer mit Elektronen, Myonen und ihren zugehörigen Neutrinos verknüpft. In manchen Fällen werden diese Teilchen, die man kollektiv Leptonen nennt, direkt bei der Reaktion emittiert; in anderen Fällen erscheinen sie nur als ,,virtuelle Teilchen", die zwischen andern Partikeln so ausgetauscht werden, wie das Pion bei starken Wechselwirkungen. Die Zeitskala für schwache Wechselwirkungen variiert beträchtlich, wie aus Tabelle 2.1 zu ersehen ist. Man vergleiche dazu etwa die Zerfallszeit des Neutrons mit der des Lambda-Hyperons.

Wenn Photonen ins Spiel kommen, wie beim Zerfall des neutralen Pions, ist die Wechselwirkung elektromagnetisch. Elektronen für sich, ohne Neutrinos, gehen elektromagnetische Wechselwirkungen ein. So ist z. B. die Vernichtung eines Elektron-Positron-Paares zu Photonen oder Gammastrahlen elektromagnetisch. Das Photon ist das Quantum des elektromagnetischen Feldes und trägt als solches den Austausch der elektromagnetischen Kraft zwischen den Teilchen. Diese Kraft wirkt schneller als die schwache Kraft, aber nicht so schnell wie die starke.

Kräfte im atomaren Bereich

Auf atomarer Ebene ist der relative Einfluß der verschiedenen Kräfte nicht derselbe wie bei der Materie im Großen. Die Schwerkraft beispielsweise übt einen großen Einfluß auf unser Lebensverhalten aus; aber was die Elementarteilchen angeht, ist die Gravitation so schwach daß sie fast vergessen werden kann. In ihrem gegenwärtigen Stande ist die Experimentalphysik noch zu grob, um den Einfluß der Schwerkraft auf diese Massen zu bestimmen. Die anderen Kräfte überfluten vollständig jeden Effekt der Schwerkraft und machen ihn unbeobachtbar. Obwohl die Schwerkraft die einzige universelle Kraft ist — in dem Sinne, daß sie von allen Teilchen ohne Ausnahme erfahren wird —, hat sie noch keinen festen Platz in der Theorie der Elementarteilchen gefunden.

Die anderen drei Kräfte sind nicht universell; sie führen zur Unterscheidung zwischen den verschiedenen Arten der Teilchen. Die elektromagnetische Kraft kann nur von den Teilchen gefühlt werden, die elektrische Ladung tragen. Elektrisch neutrale Teilchen, wie das

Neutron, sind weitgehend von der Teilnahme an elektromagnetischen Wechselwirkungen ausgeschlossen. Die starke Kraft teilt die Partikel in solche, die unter ihren Einfluß fallen — diese werden Hadronen genannt und umfassen Nukleonen, Mesonen und Hyperonen — und solche, die ihrem Einflusse entgehen — die sogenannten Leptonen, die ausschließlich die Elektronen, Myonen und Neutrinos umfassen. Die schwache Kraft zeichnet eine andere Symmetrie der Elementarteilchen aus, die ich in einigem Detail später in diesem Kapitel behandeln werde. Die Symmetrie wird „Parität" oder „Spiegelsymmetrie" genannt. Im Augenblick können wir sagen, daß die schwache Kraft anders auf Teilchen wirkt, die, in ihrer Bewegungsrichtung gesehen, im Uhrzeigersinne rotieren, als auf Teilchen, die es, im gleichen Sinne gesehen, entgegen dem Uhrzeiger tun. Die schwerverständlichen Ausführungen in diesem Abschnitte dürften klarer werden in dem Maße, wie wir in diesem Kapitel fortschreiten.

Die Stärke einer Kraft

Eine Möglichkeit, die Kräfte zu unterscheiden, liegt in der Stärke ihrer Wechselwirkung. Wenn zwei Teilchen zusammenstoßen, etwa ein Proton und ein Pion, die über a l l e Kräfte in Wechselwirkung treten können, leistet jede Kraft einen anderen Beitrag zu dem Endzustand der Reaktion. Die starke Kraft überwiegt, solange sie nicht aus irgendeinem physikalischen Grunde blockiert ist. Als nächste an der Reihe ist die elektromagnetische Kraft und schließlich die schwache Kraft. Die Gravitationskraft ist noch schwächer. Die charakteristische Stärke einer jeden Kraft kann quantitativ gekennzeichnet werden durch Zahlen, die als Kopplungs- oder Fundamentalkonstanten bekannt sind. Im Falle der elektromagnetischen Kraft ist die Konstante eng verknüpft mit dem Betrage der elektrischen Elementarladung, da die Größe der Ladung bestimmt, wie stark zwei geladene Teilchen wechselwirken. Geeignet definiert ergeben die Konstanten die folgenden Verhältnisse für die Stärke der starken, der elektromagnetischen, der schwachen und der Gravitationskraft:

$$15 : \frac{1}{137} : 10^{-12} : 10^{-35}$$

Die Reichweite einer Kraft

Nach einem flüchtigen Blick auf die Kopplungskonstanten sollte man meinen, daß die starken Wechselwirkungen alle bekannten Phänomene beherrschen müßten. Das würde wahrscheinlich der Fall sein, wenn die starke Kraft nicht einen so geringen Einflußbereich hätte. Wenn zwei Teilchen auf eine Entfernung von mehr als etwa 10^{-13} cm getrennt sind, fällt die Größe der Kraft auf Null ab. Überdies scheinen einige Teilchen, wie das Elektron, so zu tun, als ob die starke Kraft nicht existierte; sie sind nicht stark wechselwirkende Teilchen. Die elektromagnetische Kraft ist von sehr großer Reichweite; theoretisch sollte ein geladenes Teilchen imstande sein, das elektrische Feld eines anderen geladenen Teilchens wahrzunehmen, das Lichtjahre entfernt ist, obwohl die Kraft äußerst schwach sein würde. Die Wirkungen eines positiv geladenen Teilchens können aber durch ein negativ geladenes Teilchen abgeschirmt werden, das sich in der Nähe befindet. Da die Materie im Mittel elektrisch neutral ist, sind alle langreichweitigen Effekte des Elektromagnetismus gewöhnlich örtlich aufgehoben durch die gleichen Zahlen positiver und negativer Ladungen.

Von den zwei verbleibenden Kräften hat nur die Gravitation eine große Reichweite. Schwache Wechselwirkungen zwischen den Teilchen finden nur über Entfernungen statt, die eher kürzer sind als die Reichweite der starken Wechselwirkungen. Infolge der Unwirksamkeit der stärkeren Kräfte über große Entfernungen obsiegt die Gravitationskraft wegen Nichterscheinens. Soviel wir wissen, gibt es bei der Gravitation kein Gegenstück zu den positiven und negativen Ladungen des Elektromagnetismus. Alle Materie zieht sich an, während gleichnamige Ladungen sich abstoßen. Es gibt Spekulationen darüber, daß Antimaterie und Materie sich gravitativ abstoßen könnten, aber wegen der unmeßbar kleinen Beträge von Antimaterie, die auf unserem Planeten verfügbar sind, ist es äußerst schwierig, diese Vermutung zu widerlegen oder zu bestätigen. Empfindliche Versuche an der Universität Stanford in Kalifornien, die darauf angelegt waren, die Gravitationseigenschaften von Elektronen und Positronen zu vergleichen, sind bisher nicht schlüssig geworden. In jedem Fall würden wir keine Antischwerkraft auf unserem Planeten verspüren, aber wenn es sie gibt, könnte sie Rückwirkungen auf Theorien über die Entwicklung des Weltalls haben.

Astronomen und Astrophysiker haben sonderbare Himmelsobjekte entdeckt, in denen die Gravitationskräfte die Kernkräfte überspielen; sie tun das sogar über kurze Entfernungen. In sehr dichten Sternen, bekannt als „Neutronensterne", sind die Kernreaktionen, die normalerweise die Sternenergie liefern, „ausgebrannt", und der Stern hat angefangen, unter der Gravitationsanziehung zu kollabieren. Die Protonen und Elektronen, die den Kern zusammensetzen, verschmelzen bei diesen hohen Dichten zu Neutronen und Neutrinos. Unter Umständen kann der Gravitationskollaps unvermindert fortdauern und der Stern in ein „schwarzes Loch" im Raume verschwinden. Einige Astronomen glauben solche schwarzen Löcher gefunden zu haben, aber ihre Ansprüche sind sehr umstritten.

Der Kraft-Propagator

Die Reichweite der Kraft oder die Entfernung, über die sie wirksam ist, ist eng verknüpft mit einer anderen Eigenschaft des Kraftfeldes — dem Propagator oder Träger der Kraft. Wenn zwei geladene Teilchen sich gegenseitig streuen, so beeinflussen sie sich durch Austausch von Photonen, den Quanten des elektromagnetischen Feldes. Siehe Figur 3.1. Auf diese Weise ist das Photon der Propagator der elektromag-

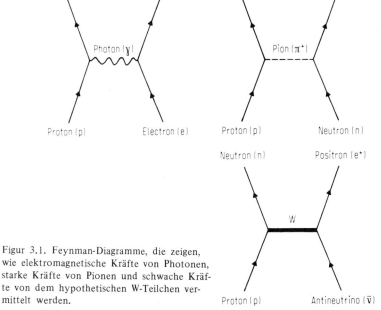

Figur 3.1. Feynman-Diagramme, die zeigen, wie elektromagnetische Kräfte von Photonen, starke Kräfte von Pionen und schwache Kräfte von dem hypothetischen W-Teilchen vermittelt werden.

netischen Kraft. Ähnlich werden die Pionen zwischen stark wechselwirkenden Teilchen ausgetauscht. Nun besteht eine mathematische Beziehung zwischen der Masse des Propagators und der Reichweite der mit ihm verknüpften Kraft. Das Photon hat die Masse Null, und die elektromagnetische Kraft ist von unendlicher Reichweite. Da die starke Kraft eine kurze Reichweite hat, muß ihr Propagator eine endliche Masse haben. Es war dieses Konzept der Kraft-Propagatoren, das Yukawa dazu führte, die Eigenschaften des Pions vorauszusagen. Die Reichweite der starken Kraft gab eine vernünftige Voraussage für die Pionenmasse.

Die Theoretiker glauben, daß nach Analogie mit den anderen Kräften auch die schwache Kraft einen Propagator hat. Im Gegensatz zu den anderen zwei Kräften hat die schwache Kraft keine meßbare Reichweite. Insbesondere sind an dem vorwiegend schwachen Zerfall des Myons (in ein Elektron und zwei Neutrinos) vier Teilchen beteiligt, die strukturlos zu sein scheinen; sie sind mit anderen Worten alle punktförmig. Diese Reaktion und andere Anzeichen deuten darauf hin, daß sich die schwache Wechselwirkung an einem Punkt vollzieht oder daß sie bestenfalls eine äußerst kurze Reichweite hat; daher muß der Propagator eine große Masse haben. Er wird als das „intermediäre Vektor-Boson" oder das „W-Teilchen" (von weak = schwach) bezeichnet. Siehe Figur 3.1. Die letzten Schätzungen setzen seine Masse mit etwa vier Protonenmassen an, doch gehen auch einige Vermutungen dahin, daß sie zwanzig Protonenmassen und mehr sein könnte.

Experimentelle Nachforschungen nach dem W-Teilchen sind bisher fruchtlos geblieben. Der beste Weg, es künstlich zu beobachten, geht über Neutrino-Reaktionen: hochenergetische, in einem Beschleuniger erzeugte Neutrinos treten in Wechselwirkung mit Protonen in einer Blasenkammer mit flüssigem Wasserstoff. Versuche dieser Art laufen in den neuesten Apparaturen in USA und in Europa. Wenn aber die Masse des W-Teilchens nahe dem oberen Ende des theoretischen Bereiches liegt, haben auch die neuesten Teilchenbeschleuniger nicht genügend Energie zu seiner Erzeugung. In diesem Falle sind möglicherweise hochenergetische kosmische Strahlen die einzige Quelle für W-Teilchen. Die theoretischen Argumente für das W sind zwingend, und selbst wenn es nicht entdeckt werden sollte, wird es wahrscheinlich für eine Weile ein höchst lebendiges Teilchen sein.

Das Schwerefeld sollte einen Propagator, das Graviton, mit der Ruhmasse Null haben; aber da nicht einmal jemand weiß, wie man das Gravitationsfeld quantentheoretisch behandeln soll, hat sich die Suche nach dem Graviton in engen Grenzen gehalten.

Parität

Eines der hintergründigsten Kapitel in der Geschichte der Physik hat zu tun mit einer Teilchensymmetrie, die man „Parität" nennt, und

Parität

ihrer Beziehung zu den Naturkräften. In dürren Worten ist Parität die „Spiegel-" oder „Rechts-Links-Symmetrie" von Teilchen und ihren Reaktionen. Es gibt viele Objekte in unserer physikalischen Welt, die räumliche Symmetrien aufweisen. Die äußere Form des menschlichen Körpers ist ein Beispiel; im atomaren Bereich vervielfachen sich diese Beispiele. Früher glaubten die Physiker, daß alle Gesetze der Physik die Parität streng erhielten, d. h. daß sie eine vollkommene Symmetrie von rechts und links aufwiesen. Wenn eine bestimmte Wechselwirkung möglich war, so war es auch ihr genaues Spiegelbild. Alle Physiker waren äußerst erstaunt, als 1956 die Sino-Amerikaner C.N. Yang und T.D. Lee theoretisch schlossen, daß in schwachen Wechselwirkungen die Paritätserhaltung verletzt sei. Innerhalb weniger Monate wurden ihre Berechnungen durch den Versuch bestätigt.

Die meisten Teilchen haben eine sogenannte Eigenparität. Grob gesprochen bedeutet das, daß sie durch eine mathematische Funktion (Wellenfunktion) dargestellt werden, die entweder symmetrisch oder antisymmetrisch ist, wenn man sie an einer Ebene oder in einem Punkte spiegelt. Figur 3.2 gibt Beispiele von symmetrischen und

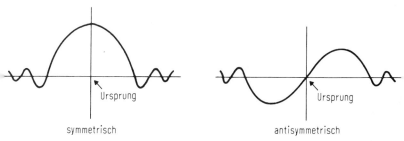

Figur 3.2. Das Spiegelungsverhalten einer mathematischen Funktion bestimmt ihre Paritätseigenschaften. Symmetrische Funktionen haben gerade, antisymmetrische Funktionen ungerade Parität. Alle stark wechselwirkenden Teilchen können durch Wellenfunktionen mit einer bestimmten Parität beschrieben werden.

antisymmetrischen Funktionen. Von den Partikeln mit symmetrischen Funktionen sagt man, daß sie gerade (+)Parität haben; zu ihnen gehören die Nukleonen (Proton und Neutron) und die Hyperonen. Die Partikel mit antisymmetrischen Wellenfunktionen haben ungerade (−)Parität; sie umfassen alle stabilen Mesonen und das Photon. Die Parität von zwei wechselwirkenden Teilchen ist gleich dem Produkt ihrer individuellen Paritäten. In einer Teilchenreaktion bleibt die

Parität gewöhnlich bei dem Ereignis unverändert. Zum Beispiel ist die Reaktion $\pi^- + p \rightarrow n$ verboten, weil die Parität auf der linken Seite (-1) mal $(+1)$ gleich (-1) ist, während die Parität des Neutrons $(+1)$ beträgt. Eine richtige Reaktion würde sein $\pi^- + p \rightarrow \pi^0 + n$, wo die Parität auf beiden Seiten der Gleichung gleich (-1) ist. Die Eigenparität ist aber nicht alles. Zwei wechselwirkende Teilchen haben außerdem eine Relativbewegung, deren Konfiguration entweder symmetrisch oder antisymmetrisch ist. Diese Relativbewegung hängt vom „Bahndrehimpuls" ab. Der Bahndrehimpuls wächst in gebundenen Zuständen mit den Energien der Teilchen. Wenn er Null ist, ist die Parität gerade $(+1)$. Diese relative Parität wechselt zwischen gerade und ungerade je nach der Anzahl von Drehimpulsquanten, die in der Reaktion gegenwärtig sind.

Das Theta-tau-Rätsel

Nach dieser kurzen Abschweifung können wir zu Lee und Yang zurückkehren. Sie arbeiteten an dem sogenannten Theta-tau (θ,τ)-Rätsel, als sie die Vermutung aussprachen, daß die Paritätserhaltung nicht universal wäre. In der Mitte der 50er Jahre identifizierten Experimentatoren, die die Eigenschaften der schweren Mesonen studierten, zwei Teilchen, das θ und das τ; diese schienen in jeder Hinsicht identisch zu sein mit Ausnahme ihrer Zerfallsformen, die Zerfälle schwacher Wechselwirkung waren. Die zwei Teilchen hatten dieselbe Masse, Ladung, Spin, Erzeugungsquerschnitt (die Wahrscheinlichkeit, in einer Reaktion erzeugt zu werden) und so fort. Beide Teilchen waren instabil: das θ zerfiel in zwei Pionen, das τ dagegen in drei:

$\Theta \rightarrow \pi^+ + \pi^0$
$\tau \rightarrow \pi^+ + \pi^+ + \pi^-$

Wie ich im letzten Abschnitt erwähnte, haben Pionen ungerade Eigenparität. So hat das θ gerade Parität, $(-1) \cdot (-1)$, und in Abwesenheit von Drehimpuls (genauere Analyse bestätigte das) hat das τ ungerade Parität, $(-1) \cdot (-1) \cdot (-1)$.

Nach Prüfung des ganzen einschlägigen Materials schlossen Lee und Yang, daß die Erhaltung der Parität in schwachen Wechselwirkungen nicht zu beweisen war. Sie sprachen die Vermutung aus, daß das θ und das τ das gleiche Teilchen wären, das über die schwache Wechselwirkung auf zwei verschiedene Weisen zerfallen konnte. Daraus folgte dann, da das Teilchen nur e i n e Eigenparität haben konnte, daß e i n e von den Zerfallsformen die Paritätserhaltung verletzte. Dieses

Teilchen ist nun bekannt als ein K-Meson oder Kaon, und es hat ungerade Parität. Es ist der Zwei-Pionen-Zerfall (Theta-Modus), der die Paritätserhaltung verletzt; überraschenderweise ist diese Zerfallsform häufiger als die andere.

Das Kobalt-60-Experiment

Eine Kollegin von Lee und Yang an der Columbia-Universität zu New York verifizierte auf ihre Anregung, daß schwache Wechselwirkungen die Paritäts-Symmetrie verletzen. Frau C.S. Wu schloß sich einer Gruppe von Physikern am National Bureau of Standards an und maß die räumliche Verteilung von Elektronen, die beim Betazerfall der radioaktiven Kerne des Kobalt-60 emittiert werden. Die Reaktion ist $^{60}Co \rightarrow {}^{60}Ni + e^- + \bar{\nu}$, wobei Ni Nickel ist. Alle Teilchen und Kerne haben einen Eigen-Spindrehimpuls, d. h. sie drehen sich um eine Achse um ihr Zentrum. In einem Magnetfelde stellen sich die Spin-Achsen nach den magnetischen Kraftlinien ein, und man kann sich die Teilchen als entweder im Uhrzeigersinne oder entgegengesetzt darum rotierend vorstellen. In einer großen Gesamtheit von Teilchen überwiegt ein Spin-Zustand den anderen, und man bezeichnet die Substanz als polarisiert. Wu und ihre Mitarbeiter polarisierten eine kleine Menge von Kobalt-60 durch Abkühlung auf tiefe Temperaturen in einem magnetischen Felde. Sie beobachteten eine Asymmetrie in der Zahl der Elektronen, die längs der magnetischen Feldrichtung und entgegengesetzt dazu emittiert wurden. Figur 3.3 dürfte helfen zu erklären, warum dieses Resultat anzeigt, daß dabei die Paritätserhaltung verletzt wird.

In der Richtung des Magnetfeldes gesehen haben die Kobalt-Kerne Uhrzeigerspin — dargestellt durch den dicken Pfeil parallel der Magnetfeldrichtung. Wenn die Kerne gespiegelt werden (was der Paritätsoperation entspricht), so rotieren sie immer noch im Uhrzeigersinne. (Der Leser kann sich das vorführen, indem er vor einem Spiegel einen Finger im Uhrzeigersinne kreisen läßt. Das Spiegelbild des Fingers kreist dann ebenfalls im Uhrzeigersinn.) Ein Elektron hingegen, das in der „reellen" Welt nach oben läuft, wird in der Spiegelwelt nach unten laufen. Wenn fünfzig Prozent der Elektronen in der Spinrichtung des Kobalts emittiert würden und fünfzig in der entgegengesetzten Richtung, so würden, wie Figur 3.3 zeigt, die beiden Welten gleiche Eigenschaften haben. Wu und ihre Mitarbeiter stellten aber fest, daß die meisten Elektronen in einer Richtung e n t g e g e n der des Kobalt-Spins emittiert wurden. In der Spiegelwelt wird die

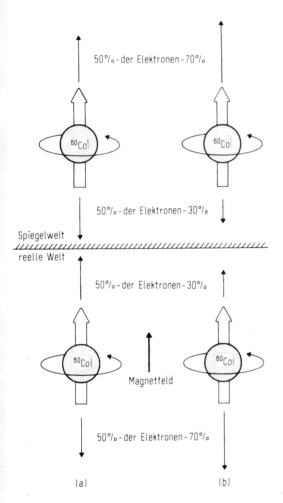

Figur 3.3. Schematische Zeichnung des berühmten Kobalt-60-Experimentes. Wenn 50% der Elektronen in der Richtung des Kernspins emittiert würden, so wäre die Spiegelwelt von der reellen ununterscheidbar. Eine Asymmetrie in der räumlichen Verteilung der Elektronen führt in der Spiegelwelt zu einem verschiedenen Ereignis. Dieser Umstand verletzt die Paritätserhaltung.

Majorität der Elektronen l ä n g s der Spinrichtung entsandt. Somit haben wir einen Widerspruch. Hier gibt es ein reelles Ereignis, das sich ändert, wenn es im Spiegel betrachtet wird. Die Paritätserhaltung muß zusammenbrechen.

Die Spinrichtung der Neutrinos

Der Schlüssel zu der Paritätsverletzung in schwachen Wechselwirkungen liegt bei den Neutrinos. Sorgfältige Analyse des Betazerfalls der Kobalt-60-Kerne sowohl wie andere Experimente enthüllten, daß alle Neutrinos „linkshändig" und alle Antineutrinos „rechtshändig" sind. Was ich meine, ist, daß die Beziehung des Spins eines Neutrinos zur Richtung seiner Fortbewegung ähnlich ist der Wirkungsweise einer linksgängigen Schraube. (Diese Beschreibung veranlaßte einen berühmten theoretischen Physiker zu der Bemerkung „Gott ist ein Linkshänder!") Wenn ein Neutrino sich auf einen zubewegt, so liegt sein Spin in Uhrzeigerrichtung. Umgekehrt rotiert ein sich näherndes Antineutrino immer entgegen dem Uhrzeiger. Wie Figur 3.4 zeigt, sind Neutrinos und Antineutrinos Spiegelbilder voneinander; hinter dem Spiegel verschwindet ein jedes, um in einer anderen Rolle wiederzukehren. Wenn immer also ein Neutrino an einer Reaktion teilnimmt, so wird die Parität automatisch verletzt, und alle schwachen Wechselwirkungen involvieren direkt oder indirekt die Aussendung von Neutrinos. Die räumliche Asymmetrie der vom Kobalt-60 emittierten Elektronen ist eine direkte Folge ihrer Begleitung durch ein rechtshändiges Antineutrino. Von den drei dominanten Kräften zwischen Elementarteilchen scheinen Neutrinos nur die schwache Kraft wahrzunehmen. Sie nehmen weder an elektromagnetischen noch an starken Wechselwirkungen teil. Diese zwei Kräfte erhalten die Parität, soviel wir wissen.

Die Korrelation zwischen dem Spin eines Neutrinos und seiner Geschwindigkeit bedeutet, daß das Neutrino eine wohldefinierte „Helizität" hat. Ein Korkenzieher hat auch eine wohldefinierte Helizität. Die Helizität rechtshändiger Antineutrinos wird als positiv definiert, während die linkshändigen Neutrinos negative Helizität haben. Andere Teilchen können unter gewissen Umständen eine bestimmte Helizität haben, aber sie hängt von den Einzelheiten der Reaktion und nicht von dem Teilchen innewohnenden Eigenschaften ab. Die definite Helizität des Neutrinos erlaubt uns theoretisch, unsere Begriffe von rechts und links intelligenten Wesen auf anderen Planeten mitzuteilen. Vor der Entdeckung der Paritätsverletzung fragten sich Philosophen und Naturwissenschafter, wie wir das wohl tun könnten. Jetzt können wir ihnen eine Beschreibung des Kobalt-60-Experiments geben und ihnen sagen, sie sollten das Antineutrino beobachten. Wenn sie ihre rechte Hand um das Antineutrino schlössen, so, daß ihre Finger der Richtung des Spins folgten, sollte ihr ausgestreckter Daumen in der Richtung der Fortbewegung liegen. Für ein Neutrino würde der Daumen der rechten Hand entgegen der Bewegungsrichtung weisen. Siehe Figur 3.4. Ähnlich würde, mit der linken Hand am Antineutrino, der Daumen entgegengesetzt zur Geschwindigkeit zeigen. So können unsere extraterrestrischen Freunde ihr Rechts von ihrem Links unterscheiden in demselben Sinne wie wir. Die Sache hat aber einen Haken. Wenn unsere Freunde im äußeren Raume aus Antimaterie gemacht sind, so unterscheiden sich ihre experimentellen Resultate von den unsern. Insbesondere emittiert ein Antikobalt-60-Kern beim Betazerfall ein Neutrino und ein Positron. Unter diesen Umständen würde auch ein intelligentes extraterrestrisches Wesen seine rechte Hand mit seiner linken verwechseln. Wenn daher der Leser jemals Gelegenheit haben sollte, seinem kosmischen Schreibfreunde persönlich zu begegnen, sollte er wohl aufpassen, ob der ihm etwa bei der Begrüßung die linke Hand entgegenstreckt — er könnte aus Antimaterie bestehen.

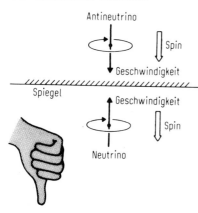

Figur 3.4. Wegen der Korrelation zwischen ihrem Spin und ihrer Bewegungsrichtung sind Neutrinos linkshändig. Durch Spiegelung werden sie zu Antineutrinos, die rechtshändig sind.

Der Pionen-Zerfall

Wenige Wochen nach dem Kobalt-60-Experiment wurde die Paritätsverletzung in einem anderen schwachen Zerfall beobachtet, nämlich in

$\pi^+ \to \mu^+ + \nu_\mu$
und
$\mu^+ \to e^+ + \nu_e + \bar{\nu}_\mu$

Zwei Gruppen von Physikern, eine an der Columbia-Universität und eine andere an der Universität Chikago, zeigten, daß das Myon im Gefolge des Pionen-Zerfalls eine bestimmte Helizität hat. Der Zerfall des Myons, der ebenfalls die Parität verletzt, wurde benutzt, um die Spinrichtung des Myons zu bestimmen. Die Helizität des Myons ist eine Folge der perfekten Helizität des begleitenden Neutrinos.

Außer der Parität gibt es noch andere Symmetrien, die die Naturkräfte unterscheiden. Es gibt zum Beispiel eine Symmetrie, genannt Isospin, die bei der elektromagnetischen, aber nicht bei der starken Wechselwirkung verletzt wird. Der Isospin, dem wir im nächsten Kapitel begegnen werden, wird durch die Gegenwart von geladenen Teilchen gestört. Eine andere Quanteneigenschaft, genannt „Strangeness", bleibt bei den starken und den elektromagnetischen Wechselwirkungen erhalten, wird aber durch die schwache Kraft verletzt. Diese Quantenzahl wurde für die seltsamen Teilchen eingeführt und wird im nächsten Kapitel weiter besprochen werden.

Eine superschwache Kraft

Wie ich im Anfang dieses Kapitels erwähnte, gibt es zwei hypothetische Kräfte — die superschwache und die superstarke. Die superschwache Kraft wurde neuerdings zur Vermeidung der Verletzung einer Symmetrie vorgeschlagen, die noch mehr umhegt wird als die Parität, nämlich der Symmetrie der Zeitumkehr. Nach dieser Symmetrie ist die Richtung des Zeitablaufes nicht lebenswichtig im atomaren Bereich. Ein Filmausschnitt aus einer Teilchenwechselwirkung würde nicht weiter merkwürdig aussehen, wenn man ihn rückwärts spielte. Tatsächlich würde er physikalisch ebensogut möglich sein wie das Vorwärts-Ereignis. Obwohl uns diese Idee mit unserer Vorstellung von einer eindeutigen Richtung des Zeitablaufes ganz komisch vorkommt, basieren alle Gesetze der Physik auf der Zeitumkehr-Symmetrie. Der Unterschied ist nur, daß wir aus großen, ausgedehnten Ansammlungen von Atomen und Teilchen aufgebaut sind. Große Gesamtheiten von Teilchen verhalten sich anders als ihre Konstituenten.

Tatsächlich ist die Zeitumkehr nur ein Teil einer größeren Symmetrie, genannt CPT, worin T Zeitumkehr, P Parität und C Ladungskonjugation (die Konversion eines Teilchens in sein Antiteilchen und umgekehrt) bedeuten. Wie ich genauer in Kapitel 6 ausführen werde, basieren die grundlegendsten Gesetze und Annahmen der Physik auf der Gültigkeit einer Erhaltung dieser zusammengesetzten Symmetrie. Wenn sie fällt, muß die Physik umstrukturiert werden. Experimente an Kaonen haben gezeigt, daß CP verletzt wird — das heißt, wenn alle Teilchen Antiteilchen werden und die ganze Reaktion gespiegelt wird, so kann die resultierende Reaktion von der ursprünglichen unterschieden werden. Man bemerke, daß sogar Neutrinos CP nicht verletzen. Ein Neutrino wird durch Spiegelung, d. h. die Paritätsoperation, ein Antineutrino, aber durch Ladungskonjugation wird es wieder zum Neutrino. Kaonen zerfallen gewöhnlich schwach, aber es besteht kein Anzeichen dafür, daß schwache Wechselwirkungen CP verletzen.

Aber in Kaon-Zerfällen wird CP entschieden verletzt, und einige Physiker glauben, daß in einem ausgleichenden Maße T verletzt werden muß, derart daß CPT intakt bleibt. Bisher ist außer im Kaon-Zerfall weder CP- noch T-Verletzung bei irgendeiner Wechselwirkung beobachtet worden, sie sei schwach, elektromagnetisch oder stark. Der nächste Schritt ist, eine andere Kraft zu erfinden. So kam die superschwache Kraft zustande. Angenommenermaßen verursacht sie die CP-Verletzung im K-Zerfall und zudem eine ausgleichende T-Verletzung. Die andern Kräfte bleiben intakt. Das ist eine glückliche Lösung, da die meisten Physiker schon dachten, die schwachen Wechselwirkungen möchten einen neuen Schraubenschlüssel ins Getriebe werfen. Neue raffinierte Versuche mit Kaonen unterstützen einige von den abstrusen Voraussagen einer superschwachen Kraft. Sie gewinnt daher weitgehend an Boden. Der einzige Übelstand ist, daß die superschwache Kraft in keinem System beobachtet werden kann, mit Ausnahme der K-Mesonen (Kaonen).

Eine superstarke Kraft

Bei ihrer Suche nach den Ur-Teilchen, den letzten Bausteinen aller Materie, haben die Theoretiker alle Arten von exotischen Kreaturen aufgebracht. Die bisher erfolgreichste ist das Quark, postuliert 1964 von Murray Gell-Mann, um die Hierarchie der Teilchen zu erklären (siehe Kapitel 5). Trotz einiger umstrittener Behauptungen sind Quarks nicht beobachtet worden. Vielleicht sind sie nur eine mathematische Hilfskonstruktion. Es ist aber vermutet worden, Quarks möchten so fest aneinander gebunden sein, daß wir nicht imstande gewesen sind, sie zu trennen. Eine natürliche Folge dieser Annahme ist eine weitere neue Kraft – die superstarke. Diese Kraft ist nicht allgemein akzeptiert, viel weniger ist sie wohlbekannt. Wenn Quarks entdeckt werden sollten, könnte die superstarke Kraft einen Auftrieb erfahren; inzwischen aber liegt sie still in den Archiven der Physik.

4. Symmetrien und Erhaltungssätze

Wenn die Physiker mit einem neuen Problem konfrontiert werden, so ist das erste was sie gewöhnlich tun, daß sie in dem physikalischen System, mit dem sie sich beschäftigen, nach Symmetrien suchen. Wenn irgendwelche Symmetrien bestehen und wenn sie richtig identifiziert sind, liefern sie Anhaltspunkte für die dem System zugrundeliegende Struktur. Zum Beispiel sind die schönen Symmetrien der Kristalle eine Folge der regulären und gleichförmigen Wechselwirkungen der konstituierenden Atome. Sie bilden im atomaren Bereich periodische Strukturen.

Es besteht ein intimer Zusammenhang zwischen Symmetrien und den sogenannten Erhaltungsgrößen. Eine wohlbekannte Erhaltungsgröße ist die Energie: sie wird in irgendeiner Wechselwirkung weder erzeugt noch zerstört (es sollte erinnert werden, daß Masse der Energie äquivalent ist). Die entsprechende Symmetrie ist in diesem Fall die zeitliche Verschiebung — das heißt, wir sollten für ein gegebenes Experiment immer dasselbe Resultat erhalten, unabhängig von dem Zeitpunkte, in dem wir es ausführen. Die Daten, die wir sammeln, sollten nicht von dem Wochentag abhängen, an dem wir sie sammeln, vorausgesetzt alles Übrige bleibt konstant. Zum Beispiel sollte die Masse des Elektrons, die nicht von solchen Bestimmungsstücken wie der Lage der Erde relativ zu den Sternen abhängt, am Montag und Donnerstag den gleichen Wert haben. Wenn dem nicht so wäre, wäre die ganze Basis der Naturwissenschaften untergraben. Eine geeignete mathematische Behandlung dieser Zeitsymmetrie liefert ihre Beziehung zur Energieerhaltung. So ist die Unveränderlichkeit der Energie eine Folge der Eigenschaften der Zeit.

Impuls-Erhaltung

Die Symmetrieeigenschaften des Raumes führen a u c h zu Erhaltungsgrößen. Insbesondere beeinflußt es nicht den Ausgang des Experiments, wenn wir die ganze Versuchsapparatur ein Meter oder ein Kilometer geradlinig auf der Erdoberfläche verschieben. Die Zerfallsformen des Pions sollten in Moskau dieselben sein wie in Washington. Diese translatorische Uniformität des Raumes führt zu einer anderen Erhaltungsgröße, dem linearen Impuls, oder wie man gewöhnlich schlechthin sagt, dem Impuls. Der Impuls ist definiert als das Produkt der Masse eines Teilchens und seiner Geschwindigkeit. Wenn ein Teilchen sich in Ruhe befindet, so hat es keinen Impuls, gleichviel wie schwer es ist. Wenn dieses ruhende Teilchen in zwei weniger schwere Teilchen zerfällt, so verlangt die Impulserhaltung, daß die zwei Teilchen sich in exakt entgegengesetzten Richtungen davonbewegen. Der Impuls ist eine Vektorgröße, was bedeutet, daß sich Impulse je nach ihrer relativen Richtung addieren oder subtrahieren. Da sich entgegengesetzte Impulse subtrahieren, müssen die Impulse der beiden Endteilchen in unserem Beispiel die gleiche Größe haben, so daß ihr vereinigter Impuls Null ist – der gleiche wie der Impuls des Ausgangsteilchens vor dem Zerfall. Die vereinigte Masse der zwei Zerfallsprodukte muß kleiner sein als die des Ursprungsteilchens, um die Energie zu erhalten.

In praxi haben die Physiker z. B. den folgenden Zweiteilchen-Zerfall beobachtet: $\Lambda^0 \rightarrow p + \pi^-$. Da das Proton eine größere Masse hat als das Pion, muß das Pion in dem Bezugssystem, in dem das Lambda beim Zerfall ruht, eine größere Geschwindigkeit haben als das Proton. Das Produkt aus der Masse und der Geschwindigkeit ist dann für beide Zerfallsteilchen dasselbe. Die Summe ihrer Massen (938 MeV plus 140 MeV) ist kleiner als die Masse des Lambda (1115 MeV); andernfalls könnte das Lambda nicht in diese zwei Teilchen zerfallen.

Die Bestimmung der Masse eines Teilchens

Die Kenntnis von Energie und Impuls genügt, um die Massen zuvor unbekannter Teilchen zu bestimmen. Durch Vermessung der Spuren, die von Teilchen in Blasenkammern hinterlassen werden, können die Massen neuer Teilchen und neutraler Teilchen, die keine Spuren hinterlassen, berechnet werden. Wenn ein magnetisches Feld an die Blasenkammer gelegt wird, sind die Spuren der Teilchen gekrümmt, und der Krümmungsradius ist direkt proportional dem Impuls des Teilchens, das die Spur hinterläßt. Die Spuren von Teilchen hoher Energie (hoher Geschwindigkeit) oder von Teilchen großer Masse sind daher in Magnetfeldern nicht sehr stark gekrümmt. Manche Blasenkammer-Aufnahmen lassen Spuren erkennen, die sich in sehr kleine Kreise aufspulen. Siehe Figur 4.1. Diese Spuren stammen entweder von Elektronen oder von Positronen, den leichtesten geladenen Teilchen. In dem Maße, wie sie durch Zusammenstöße in der Flüssigkeit Energie verlieren, nimmt ihre Geschwindigkeit ab, und die Kreise werden enger. Messungen der Spurenkrümmung liefern aber nicht genügend Information, um ein Teilchen eindeutig zu identifizieren. Man muß auch die Dichte der Spur messen. Die Spurdichte ist direkt durch die Zahl der Ionen bedingt, die von dem Teilchen längs seiner Bahn

Die Bestimmung der Masse eines Teilchens 53

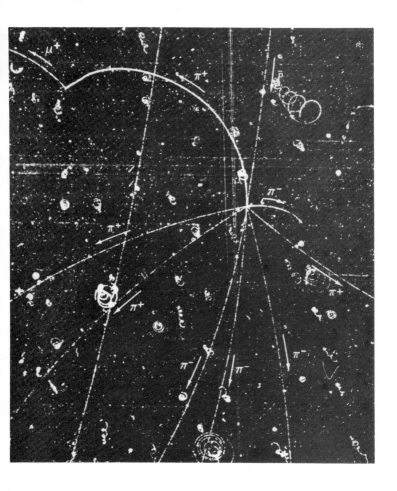

Figur 4.1. Vernichtung eines Antiprotons in einer Wasserstoff-Blasenkammer. Das Antiproton tritt oben rechts ein und annihiliert sich mit einem Proton unter Erzeugung von acht geladenen Pionen. Eines der positiven Pionen wird mit relativ niedriger Energie (wie aus dem kleinen Krümmungsradius seiner Bahn zu schließen ist) in der rückwärtigen Richtung ausgesandt; es kommt zur Ruhe und zerfällt noch innerhalb des Gesichtsfeldes in ein Myon. Die engen Spiralen sind Elektronen. (Mit frdl. Genehmigung des Lawrence Radiation Laboratory.)

erzeugt werden. Diese Zahl hängt von der Geschwindigkeit des Teilchens ab und ist die gleiche für alle Teilchen mit einer Einheit der elektrischen Ladung. Die Dichte der Spur und ihre Krümmung reichen in der Regel aus, um ein Teilchen zu identifizieren.

Die besten Werte für die Masse des Lambda-Hyperons kamen von detaillierten Messungen an den Spuren, die die geladenen Zerfallsprodukte, ein Proton und ein Pion, hinterlassen hatten. Siehe Figur 2.7. Die Impulse und Energien der zwei geladenen Teilchen können aus der Spurenkrümmung berechnet werden. Ihre Impulse summieren sich aber nicht zu Null, da das Lambda nicht den Impuls Null hat, wenn es zerfällt. Das Lambda entsteht in der Blasenkammer durch Stöße zwischen einem hochenergetischen Strahl von Teilchen, entweder Pionen oder Kaonen, und den Protonen im flüssigen Wasserstoff. Das Lambda gewinnt Energie aus der Reaktion und bewegt sich mit einer großen Geschwindigkeit. Um diesen komplizierenden Faktor auszuschalten, können die Experimentatoren das Ereignis im Ruhsystem des Lambda auswerten. Das kommt darauf hinaus, daß die Gleichungen, die die Energie und Impulse des Protons und Pions beschreiben, in ein Koordinatensystem transformiert werden, das sich mit derselben Geschwindigkeit wie das Lambda bewegt. In diesem bewegten System erscheint das Lambda in Ruhe. Relativ einfache Manipulationen der Gleichungen ergeben nun die Masse des Lambda.

Resonanzen

Die Auswertungen von Teilchenspuren halfen auch bei der Aufdeckung von zahlreichen kurzlebigen Teilchen, die man Resonanzen nennt. Diese Teilchen sind so kurzlebig, daß sie zerfallen, bevor sie Gelegenheit haben, eine Spur zu hinterlassen; aber sie hinterlassen einen untilgbaren Eindruck bei der Energie und den Impulsen ihrer Folgeteilchen. Das Studium der Resonanzen wurde in großem Stile von Luis Alvarez und seinen Mitarbeitern an der Universität von Kalifornien entwickelt. Ihr Erfolg hing entscheidend ab von der Entwicklung großer, zuverlässiger Blasenkammern und von Rechenmaschinen hoher Geschwindigkeit für die Aufsuchung und Auswertung der Spuren. Ein typisches Beispiel für eine Resonanz ist das Rho(ς)meson. Seine neutrale Komponente bildet sich bei der Reaktion: $\pi^- + p \to \varsigma^0 + n$. Das Rho zerfällt rasch in zwei Pionen, so daß die Reaktion auf den Photographien in Wirklichkeit wie $\pi^- + p \to \pi^+ + \pi^- + n$ aussieht.

Wenn die Reaktion ohne die Zwischenstufe abliefe, in der das Rho auftritt, würde sich die Energie gleichmäßig auf die zwei Pionen und das Neutrino verteilen. Wenn die Energie und die Impulse der zwei geladenen Pionen für viele solche Reaktionen gemessen und dann in einer bestimmten Weise kombiniert und, wie in Figur 4.2 dargestellt, graphisch aufgetragen werden, so sollte das Resultat eine glatte Kurve sein. Sie wird

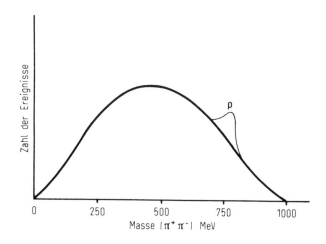

Figur 4.2. Buckel auf einer Reaktionskurve, ein Zeichen für das Vorliegen einer kurzlebigen Resonanz. Wenn die Impulse und die Energie von zwei in einer Teilchenreaktion erzeugten Pionen so kombiniert werden, als wenn sie e i n Teilchen wären, so tritt ein Buckel aus der glatten Untergrundkurve hervor, der das Rho-Meson anzeigt.

durch die dick ausgezogene Linie dargestellt. Die Anwesenheit des Rho ändert aber die Verteilung der Energie und der Impulse der Pionen. Die Anfangsenergie der Reaktion wird zunächst zwischen dem Rho und dem Neutron aufgeteilt. Danach überträgt das Rho seine Energie auf die zwei Pionen.

In Zweiteilchen-Reaktionen wie diesen ist der mögliche Bereich der Energie und der Impulse streng begrenzt, und wir dürfen erwarten, eine Zacke oder einen „Buckel" zu sehen, der sich über die Dreiteilchen-Verteilung (zwei Pionen und ein Neutron) erhebt. Eben das tritt ein. Die Zacke bei etwa 750 MeV repräsentiert das Rho. Die Lage der Zacke ergibt die Masse des resonanten Teilchens, und vermöge des Heisenbergschen Unbestimmtheitsprinzips ergibt die Breite der Zacke seine Zerfalls-Lebensdauer.

Das Heisenbergsche Unbestimmtheitsprinzip, das zu den Grundlagen der Quantentheorie gehört, begrenzt die Genauigkeit, mit der gewisse komplementäre Größen gemessen werden können. Wenn ein Teilchen extrem stabil ist, wie das Proton, so kann seine Masse sehr genau gemessen werden. Zeit und Energie (Masse) sind komplementäre Größen. Im Gegensatz zum Proton zerfallen die resonanten Teilchen rapide — in ungefähr 10^{-23} Sekunden — und der Augenblick ihrer Existenz ist wohldefiniert; infolge davon ist ihre Masse verschmiert. Die Zacke auf der Kurve, die die Masse der Resonanz darstellt, ist breit. So ist zum Beispiel die Rho-Masse ungewiß um ungefähr 125 MeV.

Drehimpuls-Erhaltung

Neben seiner translatorischen Invarianz besitzt der Raum auch eine rotatorische. Wenn die Versuchsapparatur um, sagen wir, 90° gedreht wird, sollte das für das Experiment keinen Unterschied machen. Aus dieser Eigenschaft des Raumes entspringt eine andere Erhaltungsgröße, der Drehimpuls. In der Teilchenphysik gibt es Drehimpuls in zwei Formen. Wenn zwei Teilchen umeinander rotieren, so haben sie einen Bahndrehimpuls. Ein einzelnes Teilchen, das sich um seine eigene Achse dreht, besitzt einen Spin-Drehimpuls oder Spin. In allen Teilchen-Wechselwirkungen ist der gesamte Drehimpuls vor dem Ereignis gleich dem gesamten Drehimpulse nachher. Drehimpulserhaltung gibt es auch in größeren Systemen; Eis-Kunstläufer benutzen diesen Umstand, wenn sie ihre Arme an den Leib ziehen, um schneller herumzuwirbeln. Der Drehimpuls ist für ein Teilchen mathematisch definiert als das Produkt seines Linearimpulses und seines Abstandes vom Rotationszentrum. Wenn der Schlittschuhläufer seine Arme anzieht, so vermindert sich ihr Abstand von seinem Körperzentrum, und seine Umdrehungsgeschwindigkeit muß wachsen, damit ein konstanter Drehimpuls erhalten bleibt.

Die Spin-Quantenzahl

In der submikroskopischen Welt der Atome, Kerne und Teilchen unterliegen die möglichen Werte des Drehimpulses Einschränkungen durch die Quantenmechanik. Er erscheint nur in gewissen Vielfachen einer Grundeinheit oder eines Drehimpuls-Quants. Zum Beispiel haben alle Nukleonen und Elektronen einen Eigenspin gleich der Hälfte der Grundeinheit. In einem Magnetfeld kann die Spin-Achse nur längs (parallel) oder entgegengesetzt (antiparallel) zur Richtung des

Die Spin-Quantenzahl

Feldes weisen; der Spin hat je nachdem die Werte +1/2 und −1/2. Siehe Figur 4.3. Der Spin kann keinen Zwischenwert unter diesen beiden Extremen annehmen, im Gegensatz zu unseren Beobachtungen in der makroskopischen Welt. Mesonen haben ganze Einheiten des Spins − das heißt 0, 1, 2 und so fort. Auch der Bahndrehimpuls tritt nur in ganzen Einheiten auf.

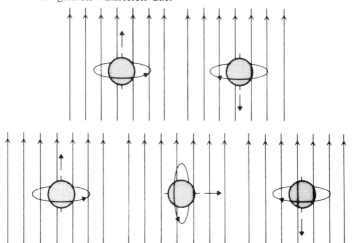

Figur 4.3. Die Einstellungen von spinbehafteten Teilchen in einem Magnetfelde unterliegen Einschränkungen durch die Gesetze der Quantenmechanik. Partikel mit einem Spin 1/2 (obere Figuren) können ihre Achsen gleichsinnig (parallel) oder ungleichsinnig (antiparallel) zum Felde einstellen. Partikel mit einem Spin 1 (untere Figuren) können sich parallel, senkrecht oder antiparallel zum Felde orientieren.

Die Zahl der möglichen Quanten-Orientierungen des Drehimpulses relativ zu einer gegebenen Raumrichtung, wie der des Magnetfeldes, ist gleich zweimal dem Werte des Drehimpulses plus eins. Nach dieser Regel hat das Proton (2 · 1/2)+1 oder 2 Orientierungen, wie ich schon erwähnt habe. Das Rho-Meson, das einen Spin 1 besitzt, hat (2 · 1)+1 oder 3 Orientierungen − parallel, antiparallel und senkrecht zu der Achse im Raume − mit den Werten +1, −1, und 0. Siehe Figur 4.3. Wenn die Drehimpulse verschiedener Teilchen zusammengesetzt werden, müssen ihre Summen **auch** den Regeln genügen. Wenn daher die Spins von zwei Protonen addiert werden, ist der gesamte Spin gleich 0 oder 1, je nach ihrer relativen Orientierung. Der Gesamt-Drehimpuls einer Proton-Rho-Kombination wäre entweder 3/2 oder 1/2. Wenn die Teilchen umeinander rotieren, muß Bahndrehimpuls eingerechnet werden.

In Kapitel 2 habe ich erörtert, wie aus einfachen Überlegungen über die Drehimpuls-Erhaltung die Existenz des Neutrinos erschlossen wurde. Messungen zeigten, daß Stickstoff-14 ganzzahligen Spin, nämlich eine Einheit, hat. Wenn dieser Kern aus Protonen und Elektronen zusammengesetzt wäre, würde die Gesamtzahl der Teilchen 21 sein (14 Protonen und 7 Elektronen). Zum Unglück für diese einfache Idee haben Protonen sowohl wie Elektronen einen Spin $1/2$, und jede Kombination von 21 von ihnen bekommt einen halbganzen Spin. Man mag sie mischen wie man will, es kommt kein Spin Eins heraus. So muß Stickstoff-14 aus einer geraden Zahl von Teilchen zusammengesetzt sein, die halbganzen Spin besitzen. Sieben Protonen und sieben Neutronen (mit dem Spin $1/2$) lassen die Rechnung aufgehen.

Der Spin des Neutrinos

Das Neutrino wurde von Pauli zur Wahrung der Energie- und Impulserhaltung beim Betazerfall postuliert. Es wird auch benötigt, um bei diesen Ereignissen den Drehimpuls zu erhalten. Betrachten wir den Betazerfall des Neutrons, das in ein Proton, ein Elektron und ein Antineutrino übergeht. Das Neutron hat den Spin $1/2$; daher muß der gesamte Drehimpuls nach dem Zerfall auch gleich $1/2$ sein. Der gesamte Drehimpuls der Proton-Elektron-Kombination ist entweder 0 oder 1, und wie immer sie auch umeinander rotieren mögen, die Summe wird niemals $1/2$ sein — der Bahndrehimpuls ist immer ganzzahlig und nie $1/2$. Daher wird der Neutrino-Spin benötigt, um die Drehimpuls-Bilanz aufgehen zu lassen. Die Physiker waren bereit, die Unbequemlichkeit eines weiteren Teilchens in Kauf zu nehmen, um ihre geheiligten Erhaltungsgesetze vor dem Untergang zu bewahren.

Bahndrehimpuls ist manchmal nötig, um den Drehimpuls auf den beiden Seiten einer Reaktionsgleichung richtigzustellen. Man betrachte etwa das Rho-Meson, das in zwei Pionen zerfällt. Wie oben erwähnt, hat das Rho einen Spin vor einer Einheit. Pionen besitzen keinen Spin; wieviele Pionen auch entstehen mögen, der Gesamtspin ist immer Null. Wenn es keinen Bahndrehimpuls gäbe, wäre es für das Spin-Eins-Rho nicht möglich, ausschließlich in Pionen zu zerfallen. Die beiden Pionen drehen sich aber umeinander, so daß ihr gesamter Drehimpuls gleich einer Einheit ist. Tatsächlich wurde der Spin des Rho aus den Messungen der Relativbewegung der zwei Zerfalls-Pionen bestimmt.

Die Erhaltung der elektrischen Ladung

In all den Millionen und Abermillionen von Teilchen-Reaktionen, die beobachtet sind, ist elektrische Ladung niemals erzeugt oder vernichtet worden. Eine stillschweigende Annahme bei dieser Feststellung ist, daß die Einheit der elektrischen Ladung für alle bekannten Teilchen dieselbe ist. Soviel wir wissen, ist das der Fall. Aber eines der größten Rätsel der Physik ist die exakte Übereinstimmung des Betrages der Ladung schwerer Teilchen, wie des Protons, mit der Ladung des Elektrons. Das Vorzeichen ist natürlich verschieden, und dieser Umstand erlaubt es einem neutralen Teilchen, wie dem Lambda, in zwei geladene Teilchen von entgegengesetztem Vorzeichen zu zerfallen – das Proton und das negative Pion. Einstein hat einmal die Vermutung geäußert, das magnetische Feld der Erde möchte auf eine kleine, aber endliche Differenz zwischen der Ladung des Protons und der des Elektrons zurückzuführen sein. Äußerst sorgfältige Versuche haben aber bestätigt, daß die beiden Ladungen besser als ein Teil zu 10^{20} einander gleich sind. Diese phänomenale Genauigkeit schließt Einsteins Hypothese aus.

Die außerordentliche Stabilität des Elektrons und des Protons liefert ein anderes Beispiel dafür, wie sicher die Ladungserhaltung ist. Die berechnete obere Grenze für die Lebensdauern dieser zwei Teilchen gegenüber dem Zerfall ist viel höher als das geschätzte Alter des Universums. Wenn ein Elektron in zwei neutrale Teilchen, wie ein Neutrino und ein Photon zerfiele, so hätte dieser Prozeß keinen merklichen Einfluß auf die Entwicklung unserer Umwelt. Der einzige Erhaltungssatz, der diesen Zerfallsmodus des Elektrons verbietet, ist die Ladungserhaltung.

Baryonen-Erhaltung

Gewisse Typen von Teilchen verschwinden nur, wenn sie von ihren Antiteilchen annihiliert werden. Zudem wird, wenn sie erzeugt werden, auch ihr Antiteilchen erzeugt. Diese Erhaltung der Teilchenzahl gibt es in zwei Formen, je nachdem ob die Teilchen der schwachen oder der starken Kraft unterliegen. Ferner bleiben nur Teilchen mit halbganzem Spin erhalten. Von stark wechselwirkenden Teilchen gibt es zwei Typen, Baryonen und Mesonen. Die Baryonen (griechisch für ,,Schwergewicht") umfassen die Nukleonen (Protonen und Neutronen) und Hyperonen; sie haben alle halbganzen Spin. Mesonen haben ganzzahligen Spin und umfassen die Pionen und Kaonen. Nur Baryonen bleiben bei Teilchen-Wechselwirkungen erhalten; Mesonen als Quanten und Träger von Kraftfeldern können erzeugt oder zwischen andern Teilchen in beliebigen Zahlen ausgetauscht werden, solange die Energie verfügbar ist.

Als Partikeln wird den Baryonen eine Baryonenzahl +1 zugeordnet, während Antibaryonen die Baryonenzahl −1 haben. Die Summen dieser Zahlen müssen auf beiden Seiten einer Teilchengleichung übereinstimmen. Beispielsweise werden bei der folgenden Reaktion Antiprotonen erzeugt: $p + p \to p + p + p + \bar{p}$. Auf der Linken haben wir zwei Protonen und eine gesamte Baryonenzahl 2. Auf der rechten Seite addieren sich die drei Protonen zu einer Baryonenzahl 3, aber das Antiproton hat einen Wert −1, und die Summe ist auch 2. Wenn ein Proton und ein Antiproton sich vernichten, so können sie folgendermaßen reagieren: $p + \bar{p} \to \pi^+ + \pi^- + \pi^+ + \pi^- + \pi^0$. Auf der Linken ist die gesamte Baryonenzahl $(+1) + (-1) = 0$. Pionen haben die Baryonenzahl Null, und so ist die Summe auf der Rechten auch gleich Null. Ein Neutron (+1) kann nicht in ein Antiproton (−1), ein Positron (0) und ein Neutrino (0) zerfallen, weil dieses Ereignis die Baryonen-Erhaltung verletzen würde.

Die Erhaltung der Baryonen ist eng verknüpft mit der Stabilität der Materie. Nehmen wir an, wenn ein Proton und ein Neutron zusammenwirkten, erzeugten sie ein zusätzliches Antineutron:

$n + p \to n + p + \bar{n}$

Dieses Ereignis verletzt die Erhaltung der Baryonenzahl, denn diese ist gleich zwei auf der Linken und gleich eins auf der Rechten. Aber wenn diese Reaktion möglich wäre, könnte das Antineutron das entstehende Neutron annihilieren und nur ein Proton plus strahlender Energie übriglassen:

$n + p + \bar{n} \to p + $ Energie

Das Netto-Ergebnis dieser Reaktionsfolge ist, daß das Neutron verschwindet:

$n + p \to p + $ Energie

Wenn dieser Reaktionstyp möglich wäre, hätte sich längst alle Materie im Weltall in strahlende Energie verwandelt.

Leptonen-Erhaltung

Die leichtesten Teilchen, das Elektron, das Myon und die Neutrinos nehmen nicht an der starken Wechselwirkung teil und bleiben daher unabhängig von den Baryonen erhalten. Kollektiv werden diese Teilchen Leptonen genannt (griechisch für „Leichtgewicht"), und die Erhaltungsgröße ist die Leptonenzahl. Wiederum werden den Teilchen positive Leptonenzahlen (+1) zugeordnet und den Antiteilchen negative (-1). Wenn die Dinge so einfach wären, könnten wir erwarten, den folgenden Zerfall zu sehen:

$$\mu^- \to e^- + \gamma$$

Die Leptonenzahl ist auf beiden Seiten der Gleichung 1. Diese Reaktion ist nie beobachtet worden; das Myon zerfällt vielmehr so:

$$\mu^- \to e^- + \bar{\nu}_e + \nu_\mu$$

Diese Beobachtung hat die Physiker zu der Annahme geführt, daß die den Myonen und ihren Neutrinos zugeordnete Leptonenzahl unabhängig von der Leptonenzahl für Elektronen und ihren Neutrinos erhalten bleibt. Das Myon hat die Leptonenzahl +1, und das Gleiche gilt für sein Neutrino. Das Elektron hat auch +1, aber das Antineutrino hat -1, was auf der rechten Seite der obigen Gleichung einen Gesamtwert 0 für die Elektronen-Leptonen-Zahl ergibt. Die Elektronenzahl auf der linken Seite ist auch 0. Beim Zerfall des positiven Myons oder Antimyons kehren alle Ziffern ihr Zeichen um. Wir haben

$$\mu^+ \to e^+ + \nu_e + \bar{\nu}_\mu$$

und die gesamte Myonenzahl ist -1 auf beiden Seiten der Gleichung.

Partielle Symmetrien

Alle Erhaltungssätze, die bisher in diesem Kapitel besprochen wurden, werden von allen Naturkräften befolgt. Energie, Impuls, Drehimpuls, elektrische Ladung, Baryonen- und Leptonenzahl bleiben dieselben vor, während oder nach einer isolierten Teilchen-Wechselwirkung. In den letzten Jahrzehnten haben die Teilchen-Physiker auch Quantitäten beobachtet, die **teilweise** erhalten bleiben. Wie wir im letzten Kapitel gesehen haben, bleibt die Parität in starken und elektromagnetischen, aber nicht in schwachen Wechselwirkungen erhalten. Es gibt noch verschiedene andere Größen, deren Erhaltung von einer oder zweien dieser Kräfte, aber nicht von allen gewahrt wird. Dieses verschiedenartige Verhalten der Naturkräfte hilft den Physikern, eine Teilchen-Reaktion der richtigen Kraft zuzuordnen.

Parität

Die Parität ist nicht die erste teilweise erhaltene Quantität, die erkannt wurde, aber sie ist gewiß die dramatischste. Vor der theoretischen Arbeit von Lee und Yang und der experimentellen von Wu dachten die Physiker, daß alle Teilchen-Reaktionen mit Einschluß der schwachen Wechselwirkungen ihre anfängliche Parität beibehielten — das heißt, ihre Symmetrie gegenüber der Spiegelung sollte im Verlauf des Partikel-Ereignisses unverändert bleiben. Allen Teilchen konnte eine Eigenparitäts-Quantenzahl zugeordnet werden, die gerade (+1) oder ungerade (−1) war, je nach der Symmetrie der mathematischen Wellenfunktion, die die Partikel beschrieb (siehe Figur 3.2). Nach Vereinbarung haben Nukleonen gerade Parität. Ausgerüstet mit dieser Information und dem Wissen, daß die Parität in starken Wechselwirkungen erhalten bleibt, können wir die Eigenparität der anderen stark wechselwirkenden Teilchen bestimmen. Wie gewöhnlich sind die Dinge nicht so einfach; wenn zwei Teilchen bei einer Wechselwirkung umeinander rotieren, so haben sie einen Bahndrehimpuls, der die Spiegelsymmetrie beeinflußt. Wenn zwei Teilchen mit einer geraden Zahl von Drehimpulsquanten umeinander rotieren — das heißt, wenn der Bahndrehimpuls 0, 2, 4 usw. ist —, so ist die Gesamtparität der Reaktion das Produkt der Eigenparitäten der Teilchen; wenn sie aber eine ungerade Zahl von Drehimpulsquanten haben (1, 3, 5 usw.), so kehrt die Parität das Zeichen um. Als Beispiel wollen wir die Eigenparität des neutralen Pions π^0 bestimmen.

Die Parität des neutralen Pions

Bei niedrigen Energien kann ein Pion leicht mit einem Proton reagieren und ein Neutron und ein neutrales Pion bilden:

$\pi^- + p \to n + \pi^0$

Die Leichtigkeit der Reaktion zeigt an, daß der Bahndrehimpuls Null ist, und das führt zu dem Schluß, daß das Produkt der Eigenparität des Protons und des negativen Pions gleich dem Produkt der Parität des Neutrons und des neutralen Pions ist. Nach Konvention haben das Proton und das Neutron gerade Parität, so daß alle Pionen die gleiche Parität haben. Wir haben aber noch herauszufinden, ob die Pionen-Parität gerade oder ungerade ist.

Eine andere Reaktion, die verhältnismäßig leicht mit negativen Pionen niederer Energie vor sich geht, ist ihre Wechselwirkung mit Deuteronen (Kerne von schwerem Wasserstoff, in denen ein Proton an ein Neutron gebunden ist). Die Reaktion ist die folgende: $\pi^- + d \rightarrow n + n$, wo d das Deuteron ist. Auf der linken Seite der Gleichung haben wir das Pion und das Deuteron, das aus zwei Teilchen gerader Parität besteht. Kernphysikalische Experimente haben gezeigt, daß das Deuteron eine gerade Gesamtparität hat (das verbundene Proton und Neutron drehen sich nicht umeinander). Ferner ist der Bahndrehimpuls des Pions in Bezug auf das Deuteron Null, weil die Reaktion leicht stattfindet; es würde einer Zusatzenergie bedürfen, um das Teilchen in eine Umlaufsbahn anzuheben. Unter diesen Umständen ist die Gesamtparität des Pion-Deuteron-Systems identisch mit der Eigenparität des Pions. Wenn das Pion gerade (+1) Parität hat, ist ihr Produkt mit der Parität des Deuterons gerade. Andererseits macht eine ungerade Parität (−1) für das Pion das Produkt negativ oder ungerade. Wenn wir die Gesamtparität der zwei Neutronen bestimmen können, sollte sie dieselbe wie die des Pions sein.

Neutronen haben gerade Parität. Daher ist die Gesamtparität der zwei Neutronen im Endzustande gerade, wenn sie nicht umeinander rotieren. Hier haben wir auch die Drehimpulserhaltung zu berücksichtigen. Im Deuteron sind die Spins von Proton und Neutron parallel, und der Gesamtspin des Deuterons ist $1/2 + 1/2 = 1$. Das Pion hat den Spin Null; der Bahndrehimpuls ist Null; daher ist der gesamte Drehimpuls 1. Um den Drehimpuls zu erhalten, haben die Neutronen die Wahl zwischen zwei naheliegenden Möglichkeiten (es gibt außerdem noch andere, aber wir wollen hier vermeiden, die Dinge noch komplizierter zu machen). Die Neutronen können parallelen Spin und den Bahndrehimpuls Null haben (Gesamtdrehimpuls $1/2 + 1/2 + 0 = 1$), oder sie können antiparallele Spins und eine Einheit Bahndrehimpuls haben ($1/2 - 1/2 + 1 = 1$). Die erste Möglichkeit ist verboten durch ein Gesetz, das ursprünglich von Pauli aus der Quantentheorie hergeleitet wurde. Es wird das „Paulische Ausschließungsprinzip" genannt und gilt für gleichartige Teilchen wie zwei und mehr Neutronen.

Die berühmteste Anwendung des Paulischen Ausschließungsprinzips findet in der Atomphysik statt, wo es Einschränkungen dafür setzt, wie Elektronen zu einem Atom zusammengefügt werden können. Jedes einzelne Energieniveau kann nur mit *einem* Elektron besetzt werden, und in Folge davon werden um den Kern die Elektronen-Schalen aufgebaut. Zwei Elektronen können den niedersten Energiezustand besetzen, vorausgesetzt, daß ihre Spins nicht in derselben Richtung liegen. In derselben Lage befinden sich unsere zwei Neutronen, aber sie können nicht im tiefsten Energiezustand sein (das heißt, den Bahndrehimpuls Null haben) und doch den Drehimpuls erhalten. Das Ergebnis dieser Analyse ist, daß die Neutronen eine Einheit Bahndrehimpuls haben. Daher ist die Parität auf der rechten Seite der Gleichung ungerade, und der Eigenspin der Pionen muß auch ungerade sein.

Der Erfolg dieser Schlußweise hängt von der Paritätserhaltung in starken Wechselwirkungen ab. Zur Zeit gibt es nichts, was diesem Erhaltungssatz wiederspräche. Elektromagnetische Wechselwirkungen scheinen auch die Parität streng zu erhalten, während, wie wir im vorangehenden Kapitel gesehen haben, die Parität bei schwachen Zerfällen vollständig verletzt wird. Es hat also keinen Sinn, Leptonen als den schwach wechselwirkenden Teilchen eine Eigenparität zuzuordnen.

Ladungskonjugation

Die Symmetrie zwischen Materie und Antimaterie bringt noch ein anderes Erhaltungsprinzip herein, die „Ladungskonjugation". Wenn eine Wechselwirkung gegen Ladungskonjugation invariant ist, so heißt das, daß es sinnvoll ist, alle Teilchen durch ihre Antiteilchen zu ersetzen und umgekehrt. In der Antimaterie-Welt würde die starke Wechselwirkung zwischen einem Proton und einem negativen Pion lauten: $\pi^+ + \bar{p} \to \bar{n} + \pi^0$, wo das Antiproton eine negative Ladung hat. Es besteht kein Grund zu glauben, daß die Reaktion nicht möglich wäre. Überdies sollten alle Eigenschaften der Partikel- und der Antipartikel-Reaktion, wie die Wahrscheinlichkeit ihres Zustandekommens und die Winkelverteilung der beiden End-Partikel identisch sein. Ladungskonjugation scheint bei starken und elektromagnetischen Wechselwirkungen invariant zu sein. Sie wird verletzt in schwachen Prozessen.

Im letzten Kapitel habe ich das berühmte Kobalt-60-Experiment besprochen, das den ersten Beweis dafür lieferte, daß die Parität in schwachen Zerfällen verletzt wird. In diesem Experimente wurden die meisten Elektronen vom Betazerfall des Kobalt-60 in einer Richtung entgegen der des Kernspins ausgesandt. In der Spiegelwelt, die durch die Paritäts-Inversion definiert wird, kommen Elektronen hauptsächlich in der Richtung des Kernspins heraus – eine physikalisch unmögliche Situation. Wenn aber die Kernteilchen in der Paritäts-Spiegelwelt noch einer anderen Reflexion unterworfen werden, nämlich der Ladungskonjugation, so ändert sich die Situation von

Grund aus. Das Kobalt-60 wird zum Antikobalt-60 (zusammengesetzt aus Antiprotonen und Antineutronen), und statt Elektronen werden Positronen in der Kernspin-Richtung ausgesandt. Dieser Zerfall ist erlaubt und würde höchstwahrscheinlich in einer Antimaterie-Welt beobachtet werden. Obwohl schwache Wechselwirkungen die Paritätserhaltung (P) verletzen, und unabhängig davon die Ladungskonjugation (C), so verletzen sie nicht, soviel wir wissen, die als CP bekannte vereinigte Parität. Der CP-Spiegel ist eine Symmetrie, die im Kielwasser des Sturzes der Paritätserhaltung nicht untergeht. CP bleibt höchstwahrscheinlich auch bei den anderen Wechselwirkungen erhalten.

Isospin

Als die Experimentatoren die ersten Anfänge machten, die Eigenschaften der starken Wechselwirkung zu erforschen, waren sie überrascht zu erfahren, daß sie auf das Proton und das Neutron in der gleichen Weise einwirkte. Dieses Ergebnis sollte man nicht erwarten, da das Proton eine elektrische Ladung hat und das Neutron keine; aber das Proton und das Neutron sind bis auf ihre elektromagnetischen Wechselwirkungen identisch. Man könnte sagen, daß sie verschiedene Zustände desselben Teilchens seien. Im Hinblick auf diese „Ladungsunabhängigkeit der starken Kraft" prägte Werner Heisenberg eine neue Quantenzahl, genannt der „Isospin". Im Falle der Nukleonen gibt es zwei Teilchen, und der Isospin ist 1/2; das Proton hat eine Projektion auf die „Isospin-Achse" von +1/2, und das Neutron hat eine Projektion von −1/2. In diesem Formalismus sind die Nukleonen ähnlich den zwei verschiedenen Projektionen des Spins für ein Spin-1/2-Teilchen (wenn sein Spin parallel zu einem Magnetfelde war, so war es im +1/2-Zustande, und wenn sein Spin entgegengesetzt oder antiparallel zu dem Felde war, so war es im −1/2-Zustande). Siehe Figur 4.4. „Isospin" ist natürlich eine sehr irreführende Bezeichnung. Es handelt sich um keinen „Spin", obwohl der ihn beschreibende Formalismus der gleiche ist wie der, der den Spindrehimpuls beschreibt. Längere Zeit wurde, nachdem Heisenberg dem Begriff keinen Namen gegeben hatte, das Wort „isotoper" Spin gebraucht, obwohl es mindestens „isobarer" Spin hätte heißen müssen, da Isotope eines Elements alle dieselbe elektrische Ladung haben. Schließlich einigte man sich der Kürze halber auf „Isospin".

Die Nukleonen werden ein Ladungs-Dublett genannt, weil es sich um zwei Teilchen handelt. Die Pionen bilden auch ein „Ladungs-Multiplett"; in diesem Falle ist der Isospin 1, und das positive Pion hat die Projektion +1, das neutrale Pion die Projektion 0 und das negative Glied des Multipletts die Projektion −1. Siehe Figur 4.4. Die Projektion wird auch die dritte Komponente des Isospins genannt.

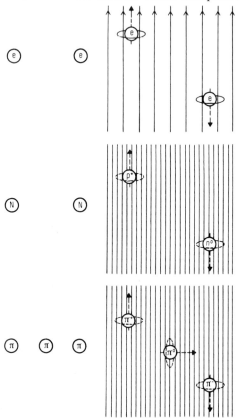

Figur 4.4. In Abwesenheit gewisser Wechselwirkungen würden verschiedene Zustände eines Teilchens ununterscheidbar sein. Alle Elektronen sind scheinbar identisch, aber in einem magnetischen Felde scheiden sie sich in verschiedene Energiezustände (obere Figur). Ähnlich würden alle Nukleonen in Abwesenheit der elektromagnetischen Kraft identisch sein; aber wenn das elektrische Feld, dargestellt durch die enggezogenen, parallelen Linien, in Betracht gezogen wird, so trennt der Isospin, dargestellt durch die gestrichelten Pfeile, die Nukleonen in Protonen und Neutronen (Mitte). Pionen spalten in Gegenwart elektromagnetischer Kräfte in drei verschiedene Ladungstypen auf (unten).

Anmerkung des Übersetzers: Die Figur möge nicht dazu verleiten, an eine Orientierung relativ zu den elektrischen Kraftlinien zu denken! Der „Isospinraum" ist nur ein gedachter Raum.

Bei einer Reaktion addieren sich die dritten Komponenten des Isospins für die verschiedenen Teilchen arithmetisch, und der gesamte Isospin entsteht durch vektorielle Addition, entsprechend ihrer relativen Orientierung im „Isospin-Raume". Wenn zum Beispiel ein positives Pion von einem Proton gestreut wird:

$\pi^+ + p \rightarrow \pi^+ + p$

hat die Reaktion nicht viel Freiheit im Isospinraum. Das positive Pion hat die dritte Komponente gleich +1, und die des Protons ist +1/2, was im Ganzen + 3/2 ergibt. Der gesamte Isospin kann theoretisch entweder 3/2 (nämlich 1 + 1/2) oder 1/2 (das ist 1 − 1/2) sein; aber da die Projektion nicht größer als der gesamte Isospin sein kann, ist die Wahl 1/2 für den gesamten Isospin ausgeschlossen.

Wenn ein Proton mit einem negativen Pion in Wechselwirkung tritt, ist die Situation ganz anders. Die folgenden zwei Reaktionen sind möglich:

$\pi^- + p \rightarrow \pi^- + p$
$\pi^- + p \rightarrow \pi^0 + n$

Die dritte Komponente des Isospins auf der linken Seite dieser Gleichungen ist gleich −1/2 (−1 für das Pion und +1/2 für das Proton). In diesem Falle sind beide Zustände des Gesamtspins möglich; er kann entweder 1/2 oder 3/2 sein. Ein Gesamt-Isospin von 3/2 kann als dritte Komponenten 3/2, 1/2, −1/2 und −3/2 haben, während ein Gesamtspin 1/2 nur die Möglichkeiten 1/2 und −1/2 hat. Man bemerke, daß in beiden Reaktionen die dritten Komponenten des Isospins der Teilchen auf der rechten Seite sich zu dem Werte −1/2 kombinieren, in Übereinstimmung mit dem des Ausgangszustandes. Die Experimente haben gezeigt, daß bei einer Pion-Proton-Wechselwirkung bei Energien unterhalb 300 MeV (was relativ niedrig ist) eine höhere Wahrscheinlichkeit für das Auftreten von Streuung besteht, wenn der gesamte Isospin 3/2 ist. Da bei der Wechselwirkung des negativen Pions mit dem Proton ein Teil des Aufwandes durch den Isospin 1/2 absorbiert wird, sollte die Wahrscheinlichkeit für π^- p-Streuung kleiner sein als für π^+ p-Streuung. Mit dem mathematischen Apparat des Isospins ist es möglich zu berechnen, daß die Häufigkeiten, mit der die drei Endprodukte π^+ p, π^0 n, und π^- p auftreten, sich wie 9 : 2 : 1 verhalten. Diese Zahlen sind experimentell bestätigt worden und bilden eine starke Stütze für die Ladungsunabhängigkeit starker Wechselwirkungen.

Alle stark wechselwirkenden Teilchen kommen in Ladungsmultipletts vor und lassen die Zuordnung eines geeigneten Isospins zu. Die Aufdeckung dieser Regelmäßigkeit verhalf den theoretischen Physikern dazu, in dem Teilchen-Dschungel größere Symmetrien zu erkennen. Im nächsten Kapitel werde ich auf eine von den stärksten dieser Symmetrien zurückkommen.

Verletzung der Isospin-Erhaltung

Wie man erwarten kann, bleibt der Isospin bei elektromagnetischen Wechselwirkungen nicht erhalten. Die Ladungsunabhängigkeit etwa der Nukleonen-Wechselwirkung gilt nur, wenn die elektromagnetische Kraft ,,abgeschaltet" ist. Der Massenunterschied zwischen dem Proton und dem Neutron ist wahrscheinlich dem Anteil der elektromagnetischen Kraft zuzuschreiben, mit dem sie sich in die starke Wechselwirkung dieser Teilchen einmischt. Da die Massendifferenz klein ist, ist der Anteil der elektromagnetischen Kraft relativ zu dem der starken Kraft ebenfalls klein.

Obwohl der gesamte Isospin bei elektromagnetischen Wechselwirkungen nicht erhalten bleibt, bleibt seine dritte Komponente erhalten. Photonen kann ein Wert des Isospins über den Zerfall neutraler Pionen zugeordnet werden:

$\pi^0 \rightarrow \gamma + \gamma$

Da die dritte Komponente für das Pion Null ist, müssen auch Photonen eine dritte Komponente Null haben. Ein anderes Beispiel einer elektromagnetischen Wechselwirkung ist

$\Sigma^0 \rightarrow \Lambda^0 + \gamma$

Das Sigma (Σ) ist Teil eines Ladungs-Tripletts und hat den Isospin 1, während der des Lambda (Λ) Null ist. Die Erhaltung des Isospins wird durch den Zerfall verletzt, aber die dritte Komponente bleibt unberührt. Für schwache Wechselwirkungen ist der Isospin bedeutungslos. Man betrachte etwa den Zerfall des Lambda:

$\Lambda^0 \rightarrow p + \pi^-$

Beim Lambda ist der gesamte Isospin und seine dritte Komponente gleich Null. Die Pion-Proton-Kombination hat, wie wir sahen, einen Gesamt-Isospin von entweder 3/2 oder 1/2 mit einer dritten Komponente von $-1/2$. Dieser Zerfall kann auf Grund seiner Paritätsverletzung und seiner relativ langen Dauer als schwache Wechselwirkung identifiziert werden. Die Verletzung des Isospins und seiner dritten Komponente liefern weitere Anhaltspunkte für die Identifizierung der Kräfte.

Antipartikel haben den gleichen Gesamt-Isospin wie die ihnen korrespondierenden Teilchen, aber die dritte Komponente hat das entgegengesetzte Vorzeichen. Schwach wechselwirkende Teilchen wie das Elektron, Myon und Neutrino haben keine Isospin-Quantenzahl, weil sie sie ohnedies nicht erhalten würden.

Seltsame Teilchen

Seit 1947, als G.D. Rochester und C.C. Butler die ersten V-Teilchen beobachteten, haben die Physiker mit einer ganz neuen Klasse von Teilchen Bekanntschaft gemacht, die man „seltsame" nennt. Die Häufigkeit der Erzeugung ließ darauf schließen, daß diese Teilchen zu den stark wechselwirkenden gehörten, aber die langen Zeiten, in denen sich ihr Zerfall abspielte, waren vergleichbar mit denen schwach wechselwirkender Partikel. Dies schien damals eine Grunddoktrin der Teilchenphysik zu erschüttern: wenn eine Partikel in einer starken Wechselwirkung erzeugt war, so sollte sie wegen der Umkehrbarkeit der Reaktionen auf dieselbe Weise verschwinden. Dieser Zwiespalt führte die Physiker dazu, diese Teilchen seltsam oder wunderlich zu nennen.

Assoziierte Erzeugung

Einer der ersten Hinweise auf die Natur der seltsamen Teilchen kam von A. Pais, einem Theoretiker am Institute for Advanced Study in Princeton, New Jersey. Er bemerkte, daß die seltsamen Teilchen immer in Paaren bei starken Wechselwirkungen erzeugt wurden und daß sie nach ihrer Trennung individuell durch die schwache Wechselwirkung zerfielen. Er nannte seine Hypothese „assoziierte Erzeugung". In einer 1954 in Brookhaven, New York, aufgenommenen Blasenkammer-Photographie wurde ein perfektes Beispiel für Pais' Vorschlag entdeckt. Figur 4.5 verbildlicht die Spuren. Zwei V's treten nach der Wechselwirkung eines Pions in einer Wasserstoff-Kammer auf. Augenscheinlich wurden zwei neutrale Teilchen am gleichen Punkt erzeugt,

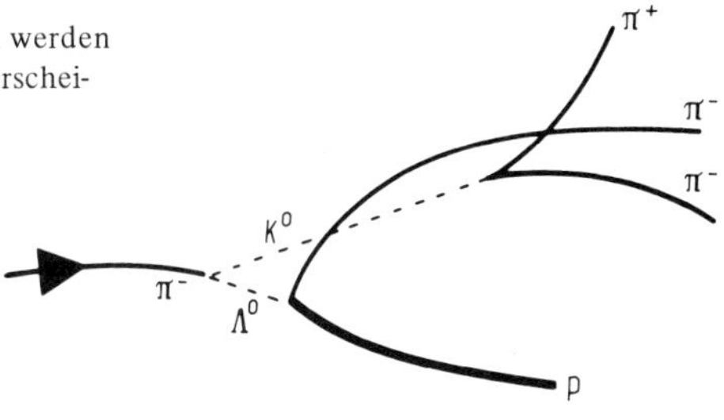

Figur 4.5. Die seltsamen Teilchen werden immer paarweise erzeugt. Diese Erscheinung, die sogenannte assoziierte Erzeugung, ist hier skizziert an der Wechselwirkung eines negativen Pions mit einem Proton in einer Wasserstoff-Blasenkammer. Die beiden seltsamen Teilchen haben keine elektrische Ladung und hinterlassen keine Spuren.

weil die Scheitel der V's auf das Ende einer Pionenspur hinwiesen, die in einer Kern-Wechselwirkung endete. Die Massen der neutralen Teilchen konnten aus den gekrümmten Bahnen ihrer Zerfallsprodukte berechnet werden. Die Entfernungen, die die Neutralen vor ihrem Zerfall durchliefen, gaben einen Wert für ihre Lebensdauern. Die Reaktion, die am Ende einer Pionenspur stattfindet, ist:

$\pi^- + p \rightarrow K^0 + \Lambda^0$

und die Zerfalls-Formen sind

$\Lambda^0 \rightarrow p + \pi^-$
$K^0 \rightarrow \pi^+ + \pi^-$

Das Lambda sowohl als auch das Kaon zerfallen in stark wechselwirkende Teilchen, aber die Lebensdauern sind sehr lang.

Strangeness

Um die seltsamen Phänomene zu deuten, schlugen Murray Gell-Mann vom California Institute of Technology und unabhängig K. Nishijima aus Japan eine neue Quantenzahl vor, die man „Strangeness" nennt. Nach ihrem Schema sollten gewisse Teilchen eine endliche Strangeness haben, ebenso wie sie Spin, Parität oder Isospin besitzen. In starken Wechselwirkungen bleibt diese Strangeness erhalten, während sie in schwachen Wechselwirkungen verletzt wird. Alle „normalen" Teilchen haben die Strangeness Null; in den oben angegebenen Reaktionen wurde dem neutralen Kaon eine Strangeness +1 und dem Lambda die Strangeness −1 zugeordnet. Auf die Weise bleibt bei ihrer Erzeugung in der Pion-Proton-Reaktion die Strangeness erhalten (die Strangeness-Quantenzahl addieren sich); aber wenn die Teilchen getrennt sind, können sie nicht über die starke Wechselwirkung in leichtere Partikel zerfallen und dabei die Strangeness bewahren.

Die Strangeness-Quantenzahl ist mit anderen Eigenschaften in Tabelle 2.1 (siehe Seite 33/34 oben) verzeichnet. Die Zuordnung eines schlüssigen Satzes von Strangeness-Zahlen ist relativ leicht. Die folgenden Reaktionen zeigen, wie ausgehend von der Zuordnung für das neutrale Kaon und das Lambda die anderen Teilchen ihre Strangeness bekommen haben:

$\pi^+ + n \rightarrow K^+ + \Lambda^0$	$S = +1$ für K^+
$\pi^- + p \rightarrow K^0 + \overline{K}^- + p$	$S = -1$ für $\overline{K}^-$
$\pi^+ + p \rightarrow \overline{K}^0 + K^+ + p$	$S = -1$ für $\overline{K}^0$
$\pi^- + p \rightarrow K^+ + \Sigma^-$	$S = -1$ für Σ^-
$\pi^+ + n \rightarrow K^0 + \Sigma^+$	$S = -1$ für Σ^+
$\Sigma^- + p \rightarrow n + \Sigma^0$	$S = -1$ für Σ^0
$\pi^- + p \rightarrow K^0 + K^+ + \Xi^-$	$S = -2$ für Ξ^-

Gewisse Teilchen mit der gleichen Strangeness scheinen ähnlich wie die Nukleonen und Pionen zu einem Ladungs-Multiplett zu gehören. Zwei wichtige Gruppen sind das K-Dublett (K^+, K^0) mit der Strangeness +1 und das Sigma-Triplett (Σ^+, Σ^0, Σ^-) mit der Strangeness −1. Diese Beobachtung half den Theoretikern, die Teilchen zu klassifizieren, wie ich im nächsten Kapitel zeigen werde. Die Strangeness der Antiteilchen ist entgegengesetzt der der ihnen entsprechenden Teilchen.

Die Strangeness-Quantenzahl „erklärte", warum gewisse Reaktionen wie $n + n \rightarrow \Lambda^0 + \Lambda^0$ und $\pi^- + p \rightarrow \Sigma^+ + K^-$ nie beobachtet wurden. Diese beiden Reaktionen sind von allen Erhaltungssätzen erlaubt mit Ausnahme des neuen „seltsamen". Diejenigen Teilchen, die bei ihrem Zerfall die Strangeness verletzen, haben nicht genügend Massen-Energie, um in andere seltsame Teilchen zu zerfallen. Wenn sie genügend Masse hätten, könnte der Zerfall über die starke Wechselwirkung erfolgen. Es gibt seltsame Teilchen als Resonanzen, die sehr kurzlebig sind, weil sie auf leichtere seltsame Teilchen ausweichen können.

Die Strangeness bleibt bei elektromagnetischen Wechselwirkungen erhalten, wenn das Photon die Strangeness Null hat. In dem folgenden elektromagnetischen Zerfall, in dem die Isospin-Erhaltung verletzt wird, bleibt die Strangeness gewahrt (siehe Tabelle 2.1 oben auf Seite 34 bezüglich der Quantenzahlen):

$\Sigma^0 \rightarrow \Lambda^0 + \gamma$

Leptonen wird keine Strangeness beigelegt, weil schwache Wechselwirkungen diese Größe nicht erhalten.

Tabelle 4.1. Die verschiedenen Naturkräfte und ihre Symmetrien. Jede Kraft erhält nur die Größen, bei denen ein x erscheint.

Größe	Wechselwirkung		
	stark	elektromagnetisch	schwach
Energie	x	x	x
Linear-Impuls	x	x	x
Drehimpuls (Spin)	x	x	x
Elektrische Ladung	x	x	x
Baryonenzahl	x	x	x
Parität	x	x	
Ladungskonjugation	x	x	
Strangeness	x	x	
Isospin	x		
dritte Komponente des Isospins	x	x	

Die Strangeness ist eng verknüpft mit anderen Quantenzahlen. Wenn die Ladung mit Q bezeichnet wird, die Strangeness mit S, die Baryonenzahl mit B und die dritte Komponente des Isospins mit I_3, so genügen diese Quantitäten für jedes stark wechselwirkende Teilchen der folgenden Gleichung: $Q = I_3 + \frac{1}{2}(S + B)$. Wegen dieser Abhängigkeit dieser vier Quantenzahlen werden nur drei von den vier benötigt, um eine starke Wechselwirkung vollständig zu identifizieren. Di Strangeness-Quantenzahl ist also nicht eigentlich neu und nicht einmal nötig; sie hilft aber den Physikern, sich ein Bild davon zu machen, was bei den Wechselwirkungen vor sich geht.

Tabelle 4.1 verzeichnet die wichtigen erhaltenen Größen und faßt zusammen, wie die drei dominanten Kräfte mit ihnen verfahren.

5. Die Klassifikation der Elementarteilchen

Als 1869 die Symmetrie des Periodischen Systems der Elemente erstmals von dem großen russischen Chemiker Mendelejew erkannt wurde, waren er und seine Zeitgenossen nicht imstande, seine einfache Struktur zu erklären. Wie das reguläre Fortschreiten in der Masse von dem leichtesten Element (Wasserstoff) bis zu dem schwersten natürlich vorkommenden (Uran) mit der Regelmäßigkeit im Schema ihrer chemischen Aktivität zusammenhing, stellte die besten Köpfe ihrer Zeit vor ein Rätsel. Es mußten Rutherford und Bohr kommen, die neue Information und ältere Resultate verarbeiteten, um ein vernünftiges Modell der Atomstruktur aufzubauen, das das Periodische System erklärt. Das Rutherford-Bohr-Atom mit einem kompakten, massebehafteten und positiv geladenen Kerne umgeben von negativ geladenen Elektronen in stabilen Bahnen erreichte den Stand einer vollgültigen Theorie, als in den 20er Jahren die Quantenphysik hauptsächlich in Deutschland von Max Born, Werner Heisenberg und Erwin Schrödinger entwickelt wurde. Eine entscheidende Rolle spielte auch der Franzose Louis de Broglie.

Eine ähnliche Situation gab es vierhundert Jahre früher auf dem Gebiete der Astronomie und Planeten-Physik. Kopernikus sah die Symmetrie, als er gegen die ptolemäische Vorstellung auftrat, daß die Erde der Mittelpunkt des Universums sei. Die kopernikanische Revolution änderte die Stellung des Menschen in der Natur von Grund auf, indem sie das Zentrum des Sonnensystems in die Sonne selbst verlegte; aber es mußten Galilei und Newton kommen, um die dynamischen Gesetze zu finden, die die Bewegungen der Planeten beherrschen.

Der achtfältige Weg

Die Teilchenphysik ist immer noch im Mendelejew-Stadium der Entwicklung. Vor wenig mehr als einem Dezennium war sie noch prämendelejewisch. 1962 bemerkten Murray Gell-Mann am California Institute of Technology und unabhängig davon Yuval Ne'eman, ein Oberst der israelischen Armee, der vom Ingenieur zum Physiker geworden war, eine Regularität unter allen stark wechselwirkenden Teilchen — den stabilen und semistabilen und den sehr kurzlebigen (Resonanzen). Sie erarbeiteten ein Schema, das auf einer wenig bekannten, als SU(3) klassifizierten Symmetrie beruht, und waren imstande, die Eigenschaften mehrerer Teilchen vor ihrer Entdeckung vorauszusagen. Der Erfolg dieses Modells hat die Partikel-Physiker ermutigt, die nun auf das Erscheinen eines zeitgemäßen Nachfahren von Rutherford und Bohr warten. Gell-Mann taufte das Modell den „achtfältigen Weg" nach einem Aphorismus, der Buddha zugeschrieben wird. Die SU(3)-Symmetrie beruht auf acht Kombinationen von Quantenzahlen.

Ladungs-Multipletts

Der erste Hinweis, wie man stark wechselwirkende Teilchen zu klassifizieren habe, kam mit der Aufdeckung der Ladungs-Multipletts und der Entwicklung des Isospins. So bilden beispielsweise die Nukleonen zwei Teilchen, das Proton und das Neutron. Beide Partikel haben einen Spin von einer halben Einheit, beide haben gerade (+1) Eigenparität (Spin und Parität dieser Teilchen werden in der vereinfachten Bezeichnung $1/2^+$ geschrieben), und als die Strangeness erfunden wurde, erhielten beide Nukleonen unzweideutig die Null als ihre Strangeness-Quantenzahl. Der einzige Unterschied zwischen den beiden Teilchen ist ihre elektrische Ladung. Im Formalismus des Isospins, den ich im vorangehenden Kapitel auseinandergesetzt habe, besitzen beide Nukleonen den gleichen Gesamt-Isospin, nämlich $1/2$, aber jedes Teilchen hat eine andere Projektion im „Isospin-Raum". Das Proton hat eine Projektion $+1/2$ und das Neutron $-1/2$. Der kleine Massenunterschied der beiden Teilchen rührt wahrscheinlich von der elektromagnetischen Kraft her, die den Isospin nicht erhält. Es ist kein zufälliges Zusammentreffen, daß der Massenunterschied zwischen Proton und Neutron – etwa ein Promille – der gleiche ist wie die relative Stärke der starken und der elektromagnetischen Wechselwirkung.

Es gibt verschiedene andere Beispiele für Ladungs-Multipletts, die Teilchen mit gleicher Parität, Strangeness und Spin enthalten. Die Pionen bilden ein Triplett mit dem Isospin 1; die drei Bestandteile haben dritte Komponenten des Isospins von +1 (positives Pion), 0 (neutrales Pion) und −1 (negatives Pion). Ihr Spin und Parität sind 0^- (Spin Null und ungerade Parität), und die Strangeness ist Null. Unter den „stabilen" Baryonen, zu denen die Nukleonen zählen, gibt es noch ein Ladungs-Dublett – das Ξ-Teilchen oder Kaskadenteilchen, wie es manchmal genannt wird. In diesem Falle haben die beiden Komponenten die elektrische Ladung Null (Ξ^0) und negative elektrische Ladung (Ξ^-). Sie haben Spin und Parität $1/2^+$ und die Strangeness -2. Zu den stabilen Baryonen gehört auch ein Ladungs-Triplett (Isospin gleich Eins) und ein Ladungs-Singulett (Isospin gleich Null). Das positive, neutrale und negative Sigma (Σ^+,

Σ^0, Σ^-) machen das Triplett aus; ihr Spin und Parität sind $1/2^+$, und die Strangeness ist -1. Das Lambda-Hyperon (Λ^0) ist eine Klasse für sich. Das Singulett hat auch Spin und Parität $1/2^+$ und Strangeness -1. Die Quantenzahlen für die Antiteilchen sind die umgekehrten, soweit möglich. Ihr Gesamt-Isospin, Spin, Parität und Masse sind die gleichen wie für die ihnen korrespondierenden Teilchen. Für Antiteilchen haben jedoch die folgenden Quantenzahlen das umgekehrte Vorzeichen: die elektrische Ladung (dritte Komponente des Isospins), die Baryonenzahl und die Strangeness.

Das Baryonen-Supermultiplett

Der Leser wird vielleicht bemerkt haben, daß alle stabilen Baryonen gleichen Spin und Parität haben, nämlich $1/2^+$. Diese Übereinstimmung ist natürlich der Aufmerksamkeit Gell-Manns und Ne'emans nicht entgangen. Sie dachten sich, daß alle diese Teilchen zu einem größeren Multiplett oder Supermultiplett gehören könnten, das den verschiedenen Isospin und die verschiedene Strangeness miteinander verknüpfte. Die Ladungsmultipletts verknüpfen nur Teilchen mit verschiedenen Werten der dritten Komponente des Isospins. Der komplizierte SU(3)-Formalismus bot ein Schema, in das sich alle Baryonen mit Spin 1/2 und positiver Parität einordnen ließen. Wenn man die Strangeness auf einer Achse und die dritte Komponente des Isospins auf der anderen aufträgt, so ordnen sich die Teilchen in ein symmetrisches Gefüge, wie man in Figur 5.1 sieht. Das neutrale Sigma und das Lambda ordnen sich an derselben Stelle ein.

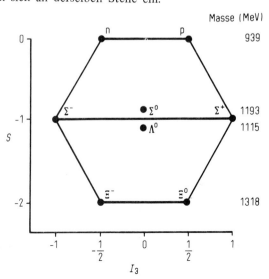

Figur 5.1. SU(3)-Darstellung des Supermultipletts der stabilen Baryonen.

Diese SU(3)-Anordnung hat einen tieferen Sinn als nur den eines hübschen Musters. Mit der Form der Symmetrie und den Kräften, die sie hervorrufen, ist der Massenunterschied zwischen den verschiedenen Multipletts verbunden. Wenn die elektromagnetische Kraft die Erhaltung des Isospins nicht verletzte, so würden die Glieder eines Ladungs-Multipletts alle dieselbe Masse haben; höchstwahrscheinlich würden sie ununterscheidbar oder, in der Sprechweise der Quantentheorie, miteinander „entartet" sein. Etwas Ähnliches gilt für das Supermultiplett aller stabilen Baryonen. Wenn die Symmetrie streng wäre, würden alle Teilchen des Supermultipletts die gleiche Masse haben. Aber die Unterschiede zwischen den Massen, die für jedes Ladungs-Multiplett charakteristisch sind, sind etwa zehnmal größer als der Massenunterschied innerhalb eines jeden Ladungs-Multipletts. Überdies sind die Massen der Baryonen wieder zehnmal größer als der Massenunterschied zwischen den Ladungs-Multipletts. Diese Progression zeigt an, daß die Symmetrie, die das Supermultiplett entstehen läßt, durch eine Kraft verletzt wird, die stärker ist als die elektromagnetische. Sie wird wahrscheinlich durch einen Teil der starken Kraft verletzt. Es kann sein, daß die SU(3)-Symmetrie von der starken Wechselwirkung vollständig gebrochen wird. Wenn das der Fall ist, so muß eine neue Kraft die Symmetrie erhalten. Einige Theoretiker glauben, daß wir auf eine noch stärkere Kraft gefaßt sein müssen, die bisher noch nicht aufgedeckt ist (vielleicht die in Kapitel 3 diskutierte superstarke Kraft). Experimente bei den extrem hohen Energien kosmischer Strahlen oder vielleicht bei den bescheidenen Energien der stärksten vom Menschen gebauten Beschleuniger mögen einmal beweisen, daß sie recht haben.

Verletzungen der SU(3)-Symmetrie beeinflussen die Massen der Multipletts innerhalb der Supermultipletts. Aus der Form der Symmetrie ergibt sich ein Gesetz, das die Massen der Multipletts miteinander verbindet. Dieses Gesetz sollte gelten, wenn die Verletzung nicht zu stark ist. Für stabile Baryonen besagt das Gesetz, daß die Nukleonen-Masse plus der Xi-Masse gleich 3/2 der Lambda-Masse plus 1/2 der Sigma-Masse sein sollte. Wenn die wirklichen Massen der vier Teilchen in die Gleichung eingesetzt werden, stimmt dieses Näherungsgesetz überraschend gut.

Das Mesonen-Supermultiplett

Der Erfolg der SU(3)-Symmetrie in der Anordnung der leichtesten Baryonen ließ die Partikel-Theoretiker nach Verbindungen zwischen Mesonen-Familien suchen. Zu jener Zeit waren nur einige wenige

Das Mesonen-Supermultiplett

Mesonen identifiziert. Es war 1961, und nur die Kaonen und das Ladungs-Triplett der Pionen waren sicher bekannt. Sie haben alle Spin Null und ungerade Parität, also 0^-. Der Isospin des Kaons war zunächst nicht unmittelbar deutlich, aber nach Erfindung der Strangeness und mit dem Verständnis dafür, wie die verschiedenen Naturkräfte die verschiedenen Symmetrien erhalten, konnte den Kaonen ein Isospin $1/2$ zugeordnet werden. Auf der Partikel-Seite handelt es sich um ein Dublett, das K^+ und das K^0, mit einem entsprechenden Dublett von Antiteilchen, $\overline{K^0}$ und $\overline{K^-}$.

Die Analogie mit den stabilen Baryonen wäre vollständig, wenn es ein Ladungs-Singulett mit Spin und Parität 0^- gäbe. Die Masse dieses Mesons kann aus einer ähnlichen Massenregel wie beim Baryon vorausgesagt werden. Es bestehen aber einige Unterschiede zwischen den Baryonen- und den Mesonen-Supermultipletts. Zu den Mesonengruppen gehören sowohl Teilchen wie auch Antiteilchen, während die Baryonen-Supermultipletts ausschließlich Teilchen sind. Es gibt ein komplementäres Baryonen-Supermultiplett, das aus Antiteilchen besteht. Ferner sind in der Massenregel die Mesonenmassen zu quadrieren, bevor sie in die Gleichungen eingesetzt werden. Mit dieser Information konnte die Masse des letzten Mitgliedes des Mesonen-Oktetts vorausgesagt werden. Das Meson wurde Ende 1961 gefunden und entsprach in allen seinen Eigenschaften den Voraussagen. Das Eta (η) mit einer Masse von 549 MeV vervollständigt das erste Mesonen-Oktuplett, wie in Figur 5.2 dargestellt. Es war eine von mehreren Mesonen-Resonanzen, die 1961 entdeckt wurden.

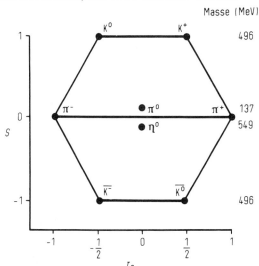

Figur 5.2. SU(3)-Darstellung des Supermultipletts der stabilen Mesonen.

Mesonen-Resonanzen

Wie ich im vorigen Kapitel erwähnt habe, kann das Auftreten von Partikel-Resonanzen aus den Bahnen der Endteilchen erschlossen werden, die bei einer Teilchenkollision hoher Energie entstehen. Betrachten wir etwa die Annihilation eines Proton-Antiproton-Paares. In gewissen Fällen verwandelt es sich in fünf Pionen, zwei positiv geladene, zwei negativ geladene und ein neutrales:

$$p + \bar{p} \to \pi^+ + \pi^+ + \pi^- + \pi^- + \pi^0$$

Wenn Energie und Impulse einer neutralen Kombination von irgend drei Pionen (das heißt eines neutralen, eines positiven und eines negativen) aufgetragen werden, als wenn sie von einem Teilchen kämen, so erscheint das Eta-Teilchen (das in drei Pionen zerfallen kann) als ein Buckel in der Kurve. Siehe Figur 5.3. Es gibt noch einen zweiten

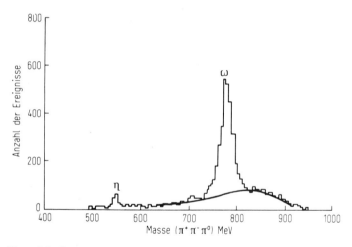

Figur 5.3. Kurve der vereinigten Masse von drei Pionen. Die zwei Buckel stellen die Drei-Pionen-Resonanzen dar, das Eta-Meson und das Omega-Meson.

Buckel in der Drei-Pionen-Kurve. Dieser stellt eine Mesonen-Resonanz dar, die man das Omega (ω) nennt. Es zerfällt auch in eine neutrale Kombination von drei Pionen, hat aber eine größere Masse (784 MeV). Sowohl das Eta wie das Omega zerfallen so schnell, daß sie nicht weit genug laufen, selbst bei Lichtgeschwindigkeit, um eine meßbare Spur in einer Blasenkammer zu hinterlassen. Ihre Lebensdauern können aber aus der Breite der betreffenden Buckel bestimmt werden. Nach dem Heisenbergschen Unbestimmtheitsprinzip (siehe das frühere Kapitel) bedeutet ein schmaler Buckel eine lange Lebensdauer. Das Omega entspricht den Normen eines stark wechselwirkenden Teilchens und zerfällt in etwa 10^{-23} Sekunden. Das Eta bildet aber eine schmalere Resonanz und braucht ganze 10^{-18} Sekunden zum Zerfallen. Außerdem hat das Studium seiner andern Zerfallsformen gezeigt, daß das Eta die Symmetrie des Isospins nicht erhält. Diese zwei Eigenschaften des Eta schließen seinen Zerfall durch starke Wechselwirkung aus. Sein Zerfall stimmt aber recht genau mit den Charakteristiken der elektromagnetischen Wechselwirkung überein. Wegen seiner relativ langen Lebensdauer schließt sich das Eta den andern stabilen Teilchen an und ist in Tabelle 2.1 (siehe Seite 33 oben) aufgenommen.

Analysen der drei Pionen-Kombinationen können die Spins der kurzlebigen Teilchen ergeben. Die Parität und andere Quantenzahlen können ebenfalls aus der Wechselwirkung hergeleitet werden. Wie erwartet, hat das Eta Spin und Parität 0^-. Im Falle des Omega bemerkten jedoch die Physiker, daß die drei Pionen umeinander rotieren mußten. Der Bahndrehimpuls beträgt eine Einheit. Daher hat das Omega den Spin Eins; seine Parität ist negativ. Andere Mesonen-Resonanzen mit Spin und Parität 1^- wurden in den frühen 60er Jahren entdeckt. Das Rho(ς)meson, dem wir früher in diesem Buche begegnet sind, war eine von ihnen. Es tritt in drei Ladungszuständen auf, die es zu einem Triplett machen. Das Omega ist ein Singulett. Um das SU(3)-Supermultiplett vollständig zu machen, braucht es noch ein Ladungs-Dublett und seine Antipartikel-Resonanzen. Die K* (sprich K-Stern)-Resonanz war tatsächlich die erste Mesonen-Resonanz, die in jenem fruchtbaren Jahr 1961 entdeckt wurde. Sie hat die richtigen Eigenschaften, um in das Mesonen-Supermultiplett mit Spin und Parität 1^- zu passen. Auch seine Masse und andere Eigenschaften entsprechen der Theorie. Es tritt als Partikel in positiv und elektrisch neutraler Form auf, mit den entsprechenden Antiteilchen. Das Oktuplett ist dargestellt in Figur 5.4.

Nach der erfolgreichen Klassifikation von Mesonen-Resonanzen wurde die ,,Buckel-Jagd" zum Hauptinteresse vieler Partikel-Theoretiker. In den letzten Jahren sind viele Resonanzen entdeckt worden. Wenn aber nicht genügend Daten verfügbar sind, glauben die Forscher manchmal einen Buckel in ihren experimentellen Kurven entdeckt zu haben, wo in Wirklichkeit keiner ist. Sie halten dann eine statistische Schwankung in ihren Beobachtungspunkten irrtümlich für eine Resonanz. Um zu beweisen, daß seine Kollegen übereifrig waren, konstruierte einmal ein Physiker eine falsche experimentelle Kurve ohne überhaupt ein Experiment zu machen. Er verteilte dann die Daten an verschiedene Mitarbeiter und bat sie, die Kurve auf Resonanzen zu analysieren. Wie er erwartet hatte, stimmten ihre Resultate nicht überein. Wenn aber einmal eine echte Meinungsverschiedenheit besteht, lösen zusätzliche Daten gewöhnlich den Widerspruch auf.

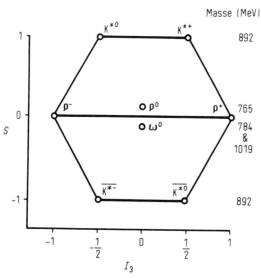

Figur 5.4. SU(3)-Darstellung der Meson-Resonanzen. Das Omega hat zwei Massenwerte, weil dem Grund-Oktuplett ein ähnliches neuntes Teilchen zugeordnet ist.

Baryonen-Resonanzen

Der am meisten gefeierte Erfolg des achtfältigen Weges lag in der Klassifikation der Baryonen-Resonanzen. Die Entdeckung des Omegaminus (Ω^-: man bemerke, daß dies ein anderes Teilchen ist als das Omega-Meson, das mit dem k l e i n e n Buchstaben ω geschrieben wird) im Jahr 1964 war der krönende Triumph dieses Modells der Elementarteilchen. Die ersten Baryonen-Resonanzen wurden von Enrico Fermi und seinen Mitarbeitern 1952 an der Universität Chicago entdeckt. Als sie Pionen an Protonen streuten, entdeckten sie, daß der Wirkungsquerschnitt der Reaktion, das heißt die Wahrscheinlichkeit, daß eine Wechselwirkung stattfindet, bei einer Pionenenergie von etwa 180 MeV sehr schnell anwuchs, um bei einer um wenig höheren Energie ebensoschnell wieder abzunehmen. Siehe Figur 5.5.

Grob gesprochen stellt der Buckel im Wirkungsquerschnitt eine
momentane Ehe eines Pions und eines Protons in Form eines
neuen kurzlebigen Teilchens dar. Dieser Buckel ist in den Kurven
für Protonenstreuung an positiven wie an negativen Pionen vorhanden.
Weitere Buckel erscheinen bei der Streuung von noch höherenergetischen Pionen und zeigen weitere schwere, kurzlebige Teilchen an. Die Buckel bei der niedrigsten Energie werden die N* (N-
Stern) genannt, um anzudeuten, daß sie angeregte Zustände des
Nukleons sein könnten. Ihre Masse beträgt etwa 1238 MeV. Manche
Physiker nennen diese Resonanzen Delta(Δ)teilchen. Die Messung
aller möglichen Pion-Nukleon-Kombinationen zeigt, daß das Δ zu
einem Ladungs-Multiplett mit vier Komponenten gehört. Der Isospin
ist 3/2, und Spin und Parität sind $3/2^+$.

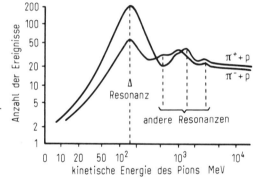

Figur 5.5. Resonanzen in der Kurve, die die Wechsel-
wirkung von Pionen mit Protonen wiedergibt. Die
Buckel bei den niedrigsten Energien entsprechen den
Delta-Teilchen.

Weitere Baryonen-Resonanzen wurden von Louis Alvarez und seiner
Gruppe mit Hilfe der Blasenkammern der University of California
entdeckt. Die erste seltsame Resonanz, die auf diese Weise gefunden wurde, war das Y* aus der Wechselwirkung eines Lambda und
eines Pions. Dieser neue Typ einer Resonanz ist ein Ladungs-Triplett
mit Spin und Parität $3/2^+$ und einer Masse von 1385 MeV. Da das
Δ ein Quadruplett ist, kann es nicht zu einem Oktuplett ähnlich dem
der stabilen Baryonen gehören. Glücklicherweise erlaubt das SU(3)-
System Supermultipletts höherer Ordnung. Das nächst einfache ist
ein Dekuplett mit 10 Komponenten. Der Theorie nach sollte das
Dekuplett je ein Quadruplett, Triplett, Dublett und Singulett enthalten. In diesem Falle weicht die Massenregel von der des Oktu-
pletts ab. Die Massentrennung zwischen dem Quadruplett und dem
Triplett sollte gleich der zwischen dem Triplett und dem Dublett
sein und auch gleich der zwischen dem Dublett und dem Singulett.

Aus dem Abstand zwischen dem Δ und dem Y* sagte Gell-Mann voraus, daß bei 1532 MeV zwei Teilchen-Resonanzen (ein Ladungs-Dublett) mit Spin und Parität 3/2+ erscheinen sollten. Überdies sollten sie eine Strangeness von −2 und den Isospin 1/2 haben, und schließlich sollte es ein Einfach-Teilchen mit der Strangeness −3 und einer Masse von 1676 MeV geben. Das Dekuplett ist in Figur 5.6 dargestellt.

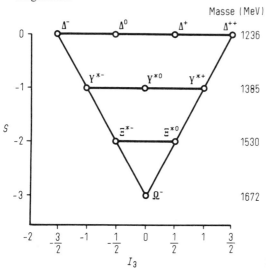

Figur 5.6. Das SU(3)-Dekuplett für Baryonen-Resonanzen, das zur Entdeckung des Omega-minus-Hyperons führte.

Alvarez und seine Mitarbeiter fanden das als Ξ^* (Xi-Stern) bekannte Dublett, das schnell in ein Ξ und ein Pion zerfällt. Seine Masse von 1530 MeV kommt der Voraussage bemerkenswert nahe. Das übrigbleibende Teilchen sollte die Strangeness −3 haben. Da es keine leichteren Baryonen mit dieser großen Strangeness gibt, schlossen Gell-Mann und Ne' eman, daß es nicht über die starke Wechselwirkung zerfallen kann und in Folge davon langlebig sein sollte. Bei einer Konferenz über Hochenergiephysik, die 1962 bei CERN in Genf abgehalten wurde, hielt Gell-Mann seine Zuhörerschaft in Atem, als er an der Tafel genau ausführte, wonach die Experimentatoren suchen sollten. Die Entdeckung folge 1964. Nicholas Samios mit nicht weniger als zweiunddreißig Mitarbeitern registrierte eine Spur, deren Signatur zu dem damals noch hypothetischen Omega-minus (Ω^-) paßte. Sie bombardierten die 80zöllige (ca. 2 Meter) Wasserstoff-Blasenkammer des Brookhaven National Laboratory in New York mit Strahlen negativer Kaonen. Das Omega-minus wurde durch die folgende Reaktion erzeugt:

$K^- + p \to \Omega^- + K^+ + K^0$

und zerfiel dann wie folgt:

$\Omega^- \to \Xi^- + \pi^0$

Der Zerfall verletzt sowohl die Strangeness-Erhaltung als auch die des Isospins und ist somit eine schwache Wechselwirkung. Die Lebensdauer des Omega von etwa 10^{-10} Sekunden erlaubte ihm, in der Blasenkammer mehrere Zentimeter zu durchlaufen, bevor es zerfiel. Messung der Energie und der Impulse seiner Zerfallsprodukte ergibt eine Masse von 1672 MeV — fast genau wie vorausgesagt. Wegen seiner großen Strangeness und großen Masse wird das Omega-minus selten erzeugt. Bisher ist es in der ganzen Welt nur etwa dreißigmal gesehen worden.

Resonanzen mit hohem Spin

Mehr als hundert Partikel-Resonanzen sind nun entdeckt. Die meisten von ihnen haben eine Nische in einem SU(3)-Supermultiplett gefunden. Baryonen mit dem Spin 5/2 und 7/2 sind als Resonanzen in Reaktionen bei hohen Energien gefunden worden. Diese kurzlebigen Teilchen sind schwerer als die Baryonen mit niedrigen Spin-Quantenzahlen. Sehr schwere Mesonen mit Spins von zwei Einheiten sind auch entdeckt worden. Die Spin-5/2-Baryonen-Resonanzen bilden ein Oktuplett mit Quantenzahlen ähnlich denen der stabilen Baryonen (Spin 1/2). Diese Ähnlichkeit zeigt an, daß das schwerere Oktuplett eine Wiederholung des leichteren ist. In gewisser Weise besteht eine Analogie mit den Elektronenzuständen in einem Atom. Gewöhnlich befinden sich die Elektronen in der Konfiguration niedrigster Energie. Wenn sie zusätzliche Energie aufnehmen, so werden sie zu einer Konfiguration höherer Energie angeregt, von der sie dann unter Emission von Photonen, d. i. Licht, in den niedrigsten Energiezustand zurückfallen. Die Baryonen-Resonanzen mit Spin 5/2 könnten angeregte Zustände der stabilen Teilchen sein. Bei Zusammenstößen könnten die stabilen Teilchen genügend Energie aufnehmen, um neue Konfigurationen zu bilden, die sich wie kurzlebige Teilchen benehmen. Ich würde nicht behaupten, daß ein angeregtes Atom ein neues Teilchen wäre, und in gleicher Weise brauchen Resonanzen keine separaten Teilchen zu sein. Die Frage steht aber noch zur Debatte.

Die Hyperladung

Mitte der 60er Jahre schlugen drei kalifornische Physiker, Geoffrey Chew, Gell-Mann und Arthur Rosenfeld, ein abweichendes Klassifizierungschema vor, das eine Verknüpfung zwischen den stabilen Teilchen und den Resonanzen hervortreten ließ. Anstelle der Strangeness erfanden sie eine neue Quantenzahl, genannt die Hyperladung, mit dem Symbol Y. Jedes Ladungs-Multiplett hat eine charakteristische Hyperladung, die definiert ist als zweimal die mittlere Ladung des Multipletts; der Faktor zwei ist eingeführt, um die Hyperladung ganzzahlig zu machen. Die mittlere Ladung ist genau, was der Name sagt. Für ein Ladungs-Triplett, wie die Pionen, mit positiven, neutralen und negativen Bestandteilen ist die mittlere Ladung und daher auch die Hyperladung Null. Die Nukleonen haben eine mittlere Ladung 1/2 (Null für das Neutron plus Eins für das Proton, geteilt durch zwei); die Hyperladung ist in diesem Fall Eins. Für Mesonen stimmt die Hyperladungs-Quantenzahl überein mit der Strangeness-Quantenzahl, aber für Baryonen ist die Hyperladung gleich Strangeness plus Baryonenzahl. Die Hyperladung ist also nur eine andere Art, die Strangeness zu schreiben. Alle stark wechselwirkenden Teilchen zerfallen in Familien, die durch drei Quantenzahlen spezifiziert sind – Hyperladung, Isospin und Baryonenzahl. (Es gibt andere Kombinationen der drei Quantenzahlen, die den gleichen Dienst tun.) Tabelle 5.1

Tabelle 5.1. Die Familien der stark wechselwirkenden Teilchen.

Klasse	Name	Symbol	Baryonenzahl	Hyperladung	Isospin	Multiplizität	Strangeness
Mesonen	Eta	η	0	0	0	1	0
	Pion	π	0	0	1	3	0
	Kaon	K	0	+1	1/2	2	+1
	Antikaon	$\bar{K}$	0	−1	1/2	2	−1
Baryonen	Lambda	Λ	1	0	0	1	−1
	Sigma	Σ	1	0	1	3	−1
	Nucleon	N	1	+1	1/2	2	0
	Xi	Ξ	1	−1	1/2	2	−2
	Omega	Ω	1	−2	0	1	−3
	Delta	Δ	1	+1	3/2	4	0

verzeichnet alle zehn bekannten Kombinationen dieser drei Quantenzahlen. Jede Kombination entspricht einer Gruppe von Teilchen.

Mit Ausnahme des Delta(Δ)baryons entsprechen alle Klassifikationen mit Hilfe der Hyperladung stabilen Teilchen. Resonanzen fügen sich auch dieser Klassifikation. Zum Beispiel hat das Rho-Meson die gleichen drei Quantenzahlen wie das Pion. Die einzigen Unterschiede zwischen den beiden sind ihr Spin und ihre Masse (man vergleiche Figur 5.2 und Figur 5.4). Eine ähnliche Korrelation besteht für den Rest der stark wechselwirkenden Teilchen. Baryonen-Resonanzen können einer der sechs in Tabelle 5.1 verzeichneten Baryonen-Kombinationen zugeordnet werden. Sie sind schwerer als die ihnen entsprechenden stabilen Baryonen und haben eine höhere Spin-Quantenzahl, aber im übrigen hat eine Baryonen-Resonanz die gleichen Quantenzahlen wie ein stabiles Baryon. Diese Korrelation läßt darauf schließen, daß Baryonen-Resonanzen angeregte Zustände von Baryonen sind. Letzlich genügen also entweder Strangeness oder Hyperladung als Quantenzahl. In der Praxis ziehen die Experimentatoren die Strangeness vor − weitgehend aus historischen Gründen: wenn man einmal ein System gelernt hat, so hat man eine beträchtliche Abneigung umzulernen, und die Strangeness wurde früher als die Hyperladung eingeführt. Anderseits haben einige Theoretiker die neue Terminologie angenommen, weil sie in den Gleichungen leichter zu handhaben ist. Für unsere Zwecke in diesem Buche macht es keinen Unterschied. Ich habe daher die historische Sprechweise vorgezogen und werde den Ausdruck Strangeness gebrauchen.

Quarks

Die Notwendigkeit dreier unabhängiger Quantenzahlen für die Beschreibung aller stark wechselwirkenden Teilchen führte im Jahre 1964 Gell-Mann und unabhängig davon George Zweig, auch vom California Institute of Technology, zu der Idee, daß alle Hadronen (stark wechselwirkende Teilchen) aus drei letzten Elementarteilchen aufgebaut werden könnten. Gell-Mann nannte diese hypothetischen Teilchen „Quarks" nach einer Stelle in James Joyce's „Finnegans Wake". Deutsche Physiker pflegen unliebsam berührt zu sein, wenn sie das Wort Quark vernehmen, denn es bedeutet in ihrer Sprache soviel wie „unreifer Käse".

Obwohl die Quarks ursprünglich nur als eine mathematische Bequemlichkeit zur Klassifikation von Elementarteilchen gedacht waren, glauben manche Physiker, daß es sie tatsächlich gibt. Wenn sie einmal entdeckt werden sollten, würden die Quarks wohl die letzten Ur-Teilchen sein. Aber ungeachtet einiger umstrittener Behauptungen sind Quarks nicht entdeckt worden. Ein Teilnehmer der Quark-Jagd bemerkte, daß die abgesuchten Plätze wie ein Bibelzitat klängen*):

---

* *Anmerkung des Übersetzers* nach Auskunft·vom Autor: Der Leser findet diese Stelle nicht in der Bibel. Sie soll nur so klingen, wie etwa 1. Mose Kap. 1,26 etc.

„sie jageten sie oben in den Himmeln und auf der Erde darunter und in denen Dingen in den Wassern und unter der Erde".
Quarks sollten, wenn sie existieren, verhältnismäßig leicht zu entdecken sein. Nach der Theorie besitzen Quarks eine gebrochene elektrische Ladung — entweder 1/3 oder 2/3 der Grundladung des Elektrons. Da die Dichte einer Spur, die von einem ionisierenden Teilchen in einer Blasenkammer, einer Nebelkammer oder einer Emulsion zurückbleibt, der Ladung des Teilchens proportional ist, würden Quarks sehr unterschiedliche Spuren hinterlassen, Verschiedene Gruppen, die Quarks oben in den Himmeln gejagt haben, dachten, daß sie Spuren von fraktionell geladenen Teilchen gesehen hätten; aber leider konnte niemand diese Experimente wiederholen. Wenn die Experimentatoren die Masse der Quarks kennten, wäre ihre Suche leichter. Die Quarkmasse kann aber von der Theorie nicht vorausgesagt werden wegen Ungewißheiten über die Stärke der Wechselwirkung der Quarks mit anderen Teilchen. Es scheint aber sicher zu sein, daß das Quark, wenn es existiert, bedeutend schwerer ist als irgendein bekanntes Teilchen.

Im SU(3)-Schema können Baryonen als eine Kombination von drei Quarks beschrieben werden, und Mesonen würden aus zwei Quarks zusammengesetzt sein. Betrachten wir etwa die Baryonen unter der Annahme, daß alle Quarks den Spin 1/2 haben. Da Baryonen halbganzen Spin haben, müssen sie aus einer ungeraden Zahl von Quarks zusammengesetzt sein, und drei ist die kleinste Zahl, mit der es geht. Um die notwendigen Isospin-Zustände aus den Quarks zu konstruieren, müssen zwei von ihnen nichtverschwindenden Isospin haben. In Analogie zu den Nukleonen werden sie zuweilen das „p"-Quark und das „n"-Quark genannt, mit dem Gesamt-Isospin 1/2 und der dritten Komponente je nachdem gleich +1/2 oder −1/2. Diese beiden Quarks besitzen die Strangeness Null, aber um seltsame Teilchen zu bilden, muß das dritte Quark die Strangeness −1 haben. Es wird manchmal das „λ"-Quark genannt und hat den Isospin Null.

Jedes dieser drei Quarks hat die Baryonenzahl 1/3, so daß drei von ihnen ein Teilchen mit der Baryonenzahl Eins bilden. Nun ist es ein Leichtes, die Ladung der drei Quarks zu bestimmen. In Kapitel 4 erwähnte ich, daß die elektrische Ladung Q, die dritte Komponente des Isospins I_3, die Baryonenzahl B und die Strangeness S durch die folgende Gleichung verknüpft sind: $Q = I_3 + \frac{1}{2}(B + S)$. Rechnet man Q aus, so ergeben sich in jedem Fall gebrochene Ladungen für die Quarks. Die Ladungen sind in Tabelle 5.2 zusammen mit den anderen Quantenzahlen aufgeführt:

Tabelle 5.2. Quanten-Eigenschaften der drei fundamentalen Quarks (siehe auch Figur 5.7)

Symbol	Ladung	Spin	Isospin Gesamt	dritte Komponente	Baryonenzahl	Strangeness
„p"	+2/3	1/2	1/2	+1/2	1/3	0
„n"	−1/3	1/2	1/2	−1/2	1/3	0
„λ"	−1/3	1/2	0	0	1/3	−1

Wenn diese Quarks in jeder möglichen Weise kombiniert werden, bildet jede Kombination dieser hypothetischen Teilchen ein verschiedenes Baryon in dem Dekuplett, das das Omega-minus enthält. Siehe Figur 5.7.

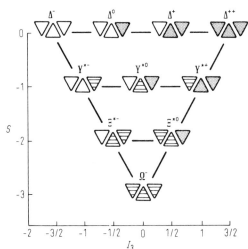

Figur 5.7. Drei Quarks in jeder möglichen Anordnung reproduzieren das Baryonen-Resonanz-Dekuplett. Für die Eigenschaften der drei Quarks siehe Tabelle 5.2.

Zur Erklärung der anderen Supermultipletts werden weitere Typen von Quarks benötigt. Die Mesonen-Supermultipletts lassen sich aus Quark-Antiquark-Paaren aufbauen. Antiquarks füllen dieselbe Nische in der „Quark-Welt" wie die bekannten Antiteilchen in der „reellen Welt". Um das aus den stabilen Baryonen zusammengesetzte achtgliedrige Supermultiplett aufzubauen, muß man noch andere Quarks mit einer Projektion von −1/2 neben der ersten Folge mit dem Spin +1/2 einführen. Die Hinzufügung dieser neuen Folge ist Teil einer höheren Symmetrie als SU(3). Diese umfassendere Symmetrie verbindet alle Baryonen-Supermultipletts; sie heißt SU(6) und hängt von sechs Basis-Zuständen ab. Mit SU(6) können alle Mesonen-Supermultipletts erklärt werden.

Viele von den Eigenschaften der Elementarteilchen lassen sich durch die Annahme erklären, daß die Quarks die Urteilchen sind und daß sie die Basen für alle Materie bilden. Wäre, wenn die Quarks nicht entdeckt würden, die Richtigkeit vieler auf ihnen beruhender theoretischer Rechnungen erschüttert? Nach Gell-Mann ist das zu verneinen. Er erfand die Quarks als ein mathematisches Hilfsmittel zur Klassifikation von Elementarteilchen und hat seinerzeit nicht behauptet, daß es Quarks in der Natur gäbe. Diese Situation ist in der Physik nicht ungewöhnlich. Da Mathematik einen großen Teil der Sprache der Physik ausmacht, ist es oft schwierig oder selbst unmöglich, einzelne von den Gleichungen in physikalische Ausdrücke zu fassen – ein Stand der Dinge, der manchmal auch dem scharfsinnigsten Theoretiker zu schaffen machen kann. Das Leben unter den Elementarteilchen möchte ein gutes Teil einfacher sein, wenn die Quarks entdeckt würden, aber viele Physiker wetten, daß sie nur ein Phantasieprodukt Gell-Manns sind.

Die dynamische Struktur

Die Symmetrien, die die Supermultiplett-Struktur der Teilchen entstehen lassen, beantworten nicht alle Fragen, die wir nach den Phänomenen der submikroskopischen Welt stellen möchten. Die Symmetrien sagen etwas aus über die allgemeine Gestalt der Supermultipletts und über die Massenenergie-Unterschiede zwischen seinen Bestandteilen. Die Symmetrien enthüllen aber sehr wenig über die Stärke und Natur der Kräfte, die auf die Teilchen wirken. Es ist auch nicht möglich, die Masse irgendeines der Teilchen nur mit der Kenntnis von SU(3) und verwandter Symmetrien zu berechnen. Zur Überwindung dieses Mangels müßte man im Einzelnen wissen, wie die Baryonen und Mesonen untereinander wechselwirken. Die Physiker nennen diese Wissenschaft die „Dynamik" des Systems. Leider ist noch keiner imstande gewesen, in angemessener Form die Dynamik stark wechselwirkender Teilchen zu beschreiben. Sie ist eines von den wichtigsten ungelösten Problemen der Teilchenphysik. Der Mann (oder die Frau), die einmal den Mechanismus enthüllen, der dem „Periodischen System" der stark wechselwirkenden Teilchen zugrunde liegt, dürfen sich eines Ansehens vergleichbar dem der größten Persönlichkeiten in der Physik versichert halten.

Leptonen

Die Dinge sind scheinbar einfacher, wenn wir die schwach wechselwirkenden Teilchen zu klassifizieren versuchen, denn es gibt nur vier

Leptonen 89

von ihnen. Partikel, die von der starken Kraft unberührt bleiben und an der schwachen Kraft teilnehmen, werden Leptonen genannt. Sie setzen sich zusammen aus dem Elektron, dem Myon und ihren zugehörigen Neutrinos. Alle diese Teilchen haben auch Antiteilchen. Anders als bei den Baryonen und Mesonen sind keine schwereren Leptonen entdeckt worden. Es gibt einige Anzeichen, daß sie existieren, aber das ist sehr umstritten. Nachdem man danach nur noch vier Teilchen zu korrelieren hat, könnte man glauben, daß die Aufgabe einfach sei. Es ist aber völlig rätselhaft, warum das Myon und sein Neutrino existieren. Jede Funktion, die sie erfüllen, könnte ebensogut vom Elektron und seinem Neutrino erfüllt werden. Jeder Test, den die Physiker haben ausdenken können, um zu zeigen, daß zwischen dem Elektron und dem Myon ein anderer Unterschied bestände als der der Massendifferenz, hat versagt. Das Myon bildet eines der schwersten Probleme der Physik.

Der Zusammenbruch der Paritätserhaltung bei schwachen Wechselwirkungen hat wichtige Konsequenzen für die Leptonen. Die Teilchen sind linkshändig und die Antiteilchen rechtshändig. In normalen schwachen Wechselwirkungen benehmen sich die Teilchen (Elektronen, negative Myonen und zwei Typen von Neutrinos) so, als wären sie linksgängige Schrauben; das heißt, daß sie sich für einen Beobachter im Uhrzeigersinn drehen, wenn sie sich auf ihn zubewegen. Die Antiteilchen (Positronen, positive Myonen und zwei Typen von Antineutrinos) benehmen sich wie rechtsgängige Schrauben; für einen Beobachter, dem sie sich nähern, rotieren sie entgegen dem Uhrzeiger.

Die Natur der schwachen Wechselwirkung mit ihrer Verletzung so wohlgegründeter Symmetrien wie Parität, Ladungs-Konjugation, Isospin und Strangeness ist ein anderes von den schwierigsten Problemen der Physik. Gegenwärtig bilden Experimente mit hochenergetischen Neutrinos die beste Aussicht auf die Entschleierung dieses Geheimnisses[*]. Neutrinos unterliegen weder der schwachen noch der

---

[*] *Anmerkung des Übersetzers.* Kürzlich wurde bei einem Experiment mit hochenergetischen Neutrinos im CERN mittels einer Blasenkammer eine neue Klasse von Neutrinoreaktionen entdeckt. Bei diesen Reaktionen entsteht nicht ein Elektron oder Myon wie bei „gewöhnlichen" Neutrinowechselwirkungen (vgl. z. B. S. 26), sondern im Endzustand tritt wieder ein Neutrino auf. Dies ist eine Bestätigung für die bis dahin nur vermutete Existenz sogenannter schwacher neutraler Ströme. Diese Entdeckung hat unter den Physikern großes Aufsehen erregt, weil es nunmehr möglich erscheint, einen Zusammenhang zwischen elektromagnetischen und schwachen Wechselwirkungen zu finden (ähnlich wie Faraday einen Zusammenhang zwischen elektrischen und magnetischen Erscheinungen suchte und wirklich fand).

elektromagnetischen Wechselwirkung. Daß sie ausschließlich an schwachen Wechselwirkungen teilnehmen, ist ein Bonus für die Experimentatoren. Ich erwähnte in Kapitel 2, daß Neutrinos mitten durch die Erde hindurchgehen können, ohne ein einziges Mal anzustoßen, aber diese Neutrinos sind niederenergetisch. Mit dem Anwachsen seiner Energie hat ein Neutrino größere Wahrscheinlichkeit der Wechselwirkung. In den großen Partikel-Beschleunigern können hochenergetische Neutrinos durch den Zerfall von energiereichen Pionen und Kaonen erzeugt werden. Diese Neutrinos haben in Blasenkammern nachweisbare Ereignisse hervorgerufen. In dem Maße, wie Neutrino-Ereignisse sich häufen, wird die Natur der schwachen Wechselwirkung ohne Zweifel klarer werden.

Das Photon

Das Photon ist eine Klasse für sich. Es nimmt nur an der elektromagnetischen Wechselwirkung teil (ich vernachlässige Gravitations-Wechselwirkungen in diesen Diskussionen − der Gravitation unterliegen alle Teilchen, selbst das Neutrino). Starke und schwache Wechselwirkungen liegen nicht im Erfahrungsbereich des Photons. Als Quanten des elektromagnetischen Feldes werden die Photonen zwischen geladenen Teilchen ausgetauscht, wenn diese in Wechselwirkung treten. Wenn ein Teilchen und sein Antiteilchen sich annihilieren, sind das Endprodukt oft Photonen. Das Photon ist sein eigenes Antiteilchen; unter gewissen Umständen kann es verschwinden und ein Teilchen-Antiteilchen-Paar erzeugen, wie etwa ein Elektron und ein Positron.

Das Photon ist nicht in dem Maße ein Geheimnis wie die andern Teilchen. Die Theorie des Elektromagnetismus ist nahezu vollkommen; sie ist die am meisten fortgeschrittene physikalische Theorie. Ihre Verfeinerung begann mit Maxwell und Faraday im neunzehnten Jahrhundert. Sie erreichte ihren Höhepunkt mit den Physikern des zwanzigsten Jahrhunderts: Richard Feynman (California Institute of Technology), Julian Schwinger (Universität Harvard) und dem japanischen Physiker Tomonoga. Sie erhielten für die Lösung einiger lange anstehender Rätsel über die Wechselwirkung von Photonen und Elektronen den Nobelpreis. Ihre Theorie, die sogenannte „Quantenelektrodynamik", bildet einen Beitrag zum abstrakten Denken höchsten Ranges.

6. Ausgewählte Probleme der modernen Forschung

Die Forschung auf dem Gebiet der Teilchenphysik ist reichhaltig und vielseitig. Manche Forscher sind Eklektiker und untersuchen verschiedene, ungleichartige Probleme. Andere spezialisieren sich auf schwache, elektromagnetische oder starke Wechselwirkungen. Letzten Endes hoffen sie, eine vereinheitlichende Theorie zu finden, die alle Teilchen und alle Kräfte umfaßt. Inzwischen gibt es genug wichtige, unbeantwortete Fragen, um einen Menschen lebenslang auf einem kleinen Sektor der Partikel-Physik zu beschäftigen. In den ersten fünf Kapiteln habe ich gelegentlich einzelne ungelöste Rätsel diskutiert, die derzeitig für die Teilchen-Physiker von Interesse sind. In diesem Kapitel werde ich auf zwei Einzelthemen genauer eingehen – die innere Struktur der Nukleonen und das Problem der CP-Verletzung im Kaon-Zerfall. Sie sind beide Gegenstand eifriger Untersuchungen in Laboratorien der Hochenergiephysik in der ganzen Welt.

Die innere Struktur des Protons und des Neutrons

Wie groß ist das Proton? Hat es eine endliche Ausdehnung? Wenn ja, welches ist seine Struktur? Schon vor den ersten Experimenten über die innere Struktur des Protons hatten die Physiker begründete Vorstellungen davon, daß es kein „punktförmiges" Teilchen war. Einer der besten theoretischen Gründe hat mit der Existenz des „magnetischen Moments" des Protons zu tun. Ein Teilchen hat ein magnetisches Moment, wenn es ein magnetisches Feld erzeugt. Ein einfaches Bild ist, daß das Teilchen wie ein winziger Magnet wirkt. Das Neutron hat a u c h ein magnetisches Moment. Da es einfacher zu verstehen ist, wie das magnetische Moment des Neutrons zu einer endlichen Größe für die Nukleonen führt, werde ich lieber das Neutron als das Proton betrachten. Wenn wir uns aber erinnern, daß das Proton und das Neutron fast dasselbe Teilchen sind, sollte eine nur wenig verschiedene Argumentation zeigen, daß auch das Proton eine endliche Größe hat.

Zwischen Elektrizität und Magnetismus besteht ein enger Zusammenhang. Elektrische Ladung, die in einem Draht fließt, erzeugt ein Magnetfeld. Eine rotierende, elektrisch geladene Kugel erzeugt ein magnetisches Feld ähnlich dem eines Stabmagneten. Es ist daher interessant zu bemerken, daß nur Teilchen mit endlichem Spin ein nicht-verschwindendes magnetisches Moment haben. Das magnetische

Moment entsteht wahrscheinlich durch die Rotation der Ladung des Teilchens. Aber wenn dem so ist, warum sollte das Neutron, das keine elektrische Ladung trägt, ein magnetisches Moment haben? Eine mögliche Antwort ist, daß das Neutron aus zwei „Teilen" besteht, einem positiv geladenen und einem negativ geladenen. Die Ladungen dieser beiden Teile addieren sich zu Null; aber wenn die beiden Teile verschieden rotierten, würden sich ihre anteiligen magnetischen Momente nicht aufheben, sodaß das Neutron ein endliches magnetisches Moment haben würde. Der springende Punkt dabei ist, daß positive und negative Ladung, um verschieden zu rotieren, räumlich getrennt sein müssen. Das Ergebnis dieser einfachen theoretischen Überlegung ist, daß das Neutron größer ist als ein Punkt. Rutherford hat schon früh in diesem Jahrhundert experimentelle Beweise gesammelt, die für räumlich ausgedehnte Nukleonen (Proton und Neutron) sprachen.

Rutherford-Streuung

Lord Rutherford bahnte den Weg für die heutigen Techniken zur Sondierung des Nukleons, als er 1906 die innere Struktur der Atome zu untersuchen begann. Zu jener Zeit glaubten die meisten Wissenschafter, soweit sie eine Meinung zu dem Gegenstand hatten, daß die Atome homogen wären. Rutherfords glänzende Experimente zeigten, daß der größte Teil der Masse eines Atoms in dem zentralen Kern vereinigt ist, der mindestens 100 000mal kleiner ist als das Atom im Ganzen. Seine experimentelle Technik war eine sehr unmittelbare. Er setzte eine radioaktive Quelle von Alphateilchen (den Kernen von Helium-Atomen) in eine evakuierte Kammer. Schlitze vor der Quelle blendeten von den Alphateilchen einen dünnen Strahl aus, der auf ein Target fiel. Das Target war eine dünne Metallfolie. Nach der Wechselwirkung mit dem Target wurden die Alphateilchen unter verschiedenen Winkeln gestreut. Rutherford und seine beiden Assistenten, Hans Geiger und Ernest Marsden, maßen die Winkelverteilung der Alphateilchen, die aus dem Target austraten. Als Detektor verwendeten sie einen Schirm, der beim Auftreffen eines Alphateilchens einen kleinen Lichtblitz produzierte. Für viele Stunden saßen die drei Männer abwechselnd im Dunkeln und zählten die Zahl der Blitze, die auftraten, wenn der Schirm unter verschiedenen Winkeln relativ zu dem Alphastrahl aufgestellt wurde.

Rutherford und seine Assistenten stellten fest, daß die Zahl der Teilchen, die in die Nähe der Rückwärtsrichtung gestreut wurden (das heißt, deren Bewegungsrichtung sich um fast 180 Grad änderte), sehr viel größer war, als sich von einem homogenen Atom erwarten ließ.

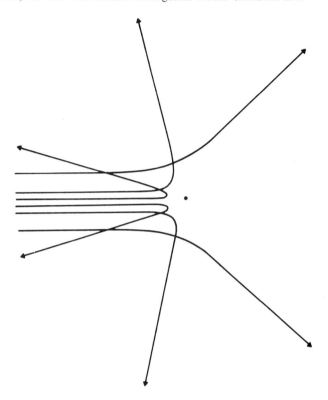

Figur 6.1. Der Winkel, um den ein Teilchen durch ein anderes gestreut wird, hängt von der Form der Wechselwirkung und von der Bahn und der Energie des einfallenden Teilchens ab. Als Rutherford zahlreiche Streuungen der Alphateilchen unter großen Winkeln entdeckte, schloß er daraus, daß die Kerne sehr kompakt sein müßten.

Siehe Figur 6.1. Rutherfords theoretische Analyse sprach sehr für die Existenz des Kerns. Ein diffuses Objekt würde nicht eine Streuung der Alphateilchen über so große Winkel hervorbringen. Ursprünglich dachte sich Rutherford den Kern in einem Punkt vereinigt; aber bei Verfeinerung seiner Messungen bemerkte er, daß die Winkelverteilung der gestreuten Teilchen von der von einem punktförmigen Kern zu erwartenden abwich. Im Jahre 1919 (dreizehn Jahre nach dem Beginn der Experimente) zeigte Rutherford, daß die ungefähre Größe des

Kerns 10^{-12} cm beträgt. Yukawa benutzte später diese Information zur Abschätzung der Reichweite der starken Kraft und zur Voraussage der Pionenmasse.

Die Größe des Protons blieb unbestimmt bis 1954, als Robert Hochstadter hochenergetische Elektronen an einem Wasserstoff-Target streute. Er zeigte, daß das Proton einen Durchmesser von $0.74 \cdot 10^{-13}$ cm hat. Die meisten Partikel-Physiker waren überrascht, daß es im Vergleich zu komplexen Kernen so groß ist. Die Geschichte, warum es von der Zeit von Rutherfords erstem Experiment bis zur Zeit des ersten erfolgreichen Experiments über die Struktur des Protons fast fünfzig Jahre brauchte, beleuchtet eine der wichtigsten Folgen des Dualismus von Partikeln und Wellen.

Die Wellenlänge der Teilchen

Um das Innere eines Objektes so klein wie ein Proton zu erforschen, muß die Sonde noch kleinere Dimensionen haben. Die Wellenlänge des sichtbaren Lichtes, die bei $5 \cdot 10^{-5}$ cm liegt, ist viel zu groß, um von irgendeinem Nutzen zu sein. Wenn man Licht als Sonde für den Kern benutzen wollte, so wäre das, wie wenn man die von einem großen Öltanker aufgeworfenen Wellen benutzen wollte, um die Grösse eines Wasserläufers zu ermitteln. Die Reflexionen von dem Käfer würden auf das Kielwasser des Tankers einen vernachlässigbaren Effekt haben. Glücklicherweise gibt es Wellen, die imstande sind, das Innere des Protons abzubilden; dies sind die mit hochenergetischen Teilchen verknüpften Wellen. In Kapitel 1 erwähnte ich kurz, daß Teilchen sich manchmal wie Wellen verhalten und daß sie durch eine „Wellenfunktion" beschrieben werden können. Diese Hypothese wurde 1924 von Louis de Broglie aufgestellt. Nachdem er mehrere Jahre über die Natur des Photons gerätselt hatte, kam de Broglie zu dem Schluß, daß es gleichzeitig als Welle und als Teilchen wirken müsse. Analog stellte er sich vor, daß der gleiche Dualismus auch für Objekte gelten müsse, die allgemein als Teilchen betrachtet werden. Er legte die wesentlichen Gedanken seiner Theorie noch als Student der naturwissenschaftlichen Fakultät der Universität Paris vor. Wenige Jahre später zeigten zwei Amerikaner, Clinton Davisson und Lester Germer, daß Elektronen bei der Streuung durch Kristalle Interferenz- und Beugungserscheinungen aufweisen, wie sie Wellen eigentümlich sind.

De Broglie hatte ein Gefühl dafür, daß die Wellenlänge eines Teilchens ebenso reell ist wie seine Masse. Überdies leitete er eine einfache mathematische Beziehung zwischen der Wellenlänge des Teilchens und seinem Impuls ab, nämlich $\lambda = h/p$, wo λ die Wellenlänge, p der Impuls des Teilchens und h die Plancksche Konstante ist. Plancks Konstante ist eine grundlegende Größe der Quantentheorie; mit ihr verknüpft sich die Größe der verschiedenen Quanten, wie der Energie und des Drehimpulses. Da h sehr klein ist, bemerken wir in unserer täglichen Erfahrung die Quantenphänomene nicht.

Nach de Broglies einfacher Beziehung ist es klar, daß, wenn ein Teilchen einen großen Impuls hat, seine Wellenlänge klein ist. Wenn der Impuls groß genug gemacht werden kann, wird es möglich, seine Wellenlänge auf Dimensionen kleiner als die des Protons zu verkürzen. Hofstadter und andere Forscher, die die Protonen-Struktur untersuchten, benutzten Elektronen als Sonden. Soviel wir wissen, haben Elektronen keine eigene Struktur. Auf die Weise werden mit Elektronen erhaltene Resultate nicht durch irgendeine Struktur kompliziert, die zu der des Protons hinzutritt. Bei Energien von ungefähr 2000 MeV (für die Definition des MeV siehe Fußnote Seite 28) ist die Wellenlänge eines Elektrons so klein, daß sich zwei Punkte im Abstande von 10^{-14} cm damit auflösen lassen. Diese Entfernung ist etwa ein Achtel vom Radius des Protons. Hofstadters ursprüngliche Experimente fanden bei der verhältnismäßig niedrigen Elektronenenergie von 190 MeV statt, die Wellenlängen von etwa einem Protonen-Radius entspricht. Zu Rutherfords Zeiten existierten noch keine Maschinen, die Teilchen auf so hohe Energien hätten beschleunigen können. Es kostete die Physiker viele Jahre, diese Partikel-Beschleuniger zu entwickeln. Der gegenwärtig größte Elektronen-Beschleuniger der Welt steht in der Universität Stanford in Kalifornien. Es ist ein zwei Meilen (mehr als 3 Kilometer) langer Linear-Beschleuniger, der imstande ist, Elektronen auf 21 000 MeV hochzufahren.

Die elektromagnetische Struktur des Protons

Wenn hochenergetische Elektronen mit einem Target in Wechselwirkung treten, das viele Protonen enthält, so tun sie das primär mit der elektromagnetischen Struktur des Protons. Es ist keineswegs gesagt, daß die Verteilung der elektrischen und magnetischen Ladung innerhalb des Protons mit denjenigen Teilen des Protons zusammenfällt, die an starken oder Gravitations-Wechselwirkungen teilnehmen. Experimente mit hochenergetischen Proton-Proton-Wechselwirkungen sollten im Prinzip die von den starken Kräften herrührende Struktur enthüllen. Obwohl die Daten äußerst kompliziert und theoretisch schwer zu analysieren sind, ist es ganz deutlich, daß diese Struktur der elektromagnetischen Struktur des Protons ähnlich, jedoch nicht die gleiche ist.

Hofstadters Versuche über die Protonen-Struktur waren ähnlich den Rutherfordschen über die Atomstruktur. Nach Streuung der hochenergetischen Elektronen durch ein Wasserstoff-Target maß Hofstadter die Winkelverteilung der abgelenkten Elektronen. Durch Vergleich seiner Resultate mit den theoretisch von einem Punktteilchen zu erwartenden kam er zu dem Schluß, daß das Proton einen elektromagnetischen Radius von etwa 10^{-13} cm hat. 1961 erhielt er für dieses Forschungswerk den Nobelpreis. Mit zunehmender Verfeinerung seiner Messungen zeigten Hofstadters Daten, daß das Proton keine Kugel ist, sondern eine diffuse Begrenzung mit einer endlichen Dicke hat.

Nun, da wir wissen, daß das Proton eine endliche Ausdehnung hat, können wir fragen, was es veranlaßt, sich über den Raum auszubreiten. Ist es einfach ein starres geometrisches Gebilde oder beruht es auf einer Art innerer Dynamik? Mit anderen Worten: besteht das Proton aus mehreren Komponenten, die in einer Weise ähnlich wie beim Atom beweglich sind, das sich aus einem Kern und dynamischen Elektronen zusammensetzt? Wenn ja, so könnte das Proton zu verschiedenen Konfigurationen angeregt werden, die Baryon-Resonanzen entsprechen könnten.

Virtuelle Teilchen

Die Gestalt des Protons kann in einer rohen Annäherung durch die Mesonentheorie der Kernkräfte erklärt werden. Nach dieser Theorie verbringt das Proton einen Teil seiner Zeit als ein Neutron und ein positives Pion. Es fluktuiert schnell zwischen seinem Proton- und seinem Neutron-Pion-Zustand, und es ist der Neutron-Pion-Zustand, der die endliche Größe des Protons erzeugt, die durch die Elektronenstreuung aufgewiesen wird. Der gewitzte Leser bemerkt vielleicht, daß die Energie nicht erhalten bleibt, wenn ein Proton in ein Neutron und ein Pion dissoziiert. (Die Summe der Massen des Neutrons und Pions ist größer als die Protonenmasse.) Diese zwei Teilchen sind nicht reell, in dem Sinne, daß sie nicht nachgewiesen werden können. In der reellen Welt ist dieses Ereignis nicht möglich, da die Energie erhalten bleiben müßte; im quantenmechanischen Bild der Materie hingegen kann die Energieerhaltung für einen sehr kurzen Zeitraum ausgesetzt werden. Diese scheinbar häretische Feststellung ist eine Folge von Heisenbergs Unbestimmtheitsprinzip.

Wie ich in Kapitel 1 erwähnte, können Lage und Geschwindigkeit eines Teilchens nicht gleichzeitig bekannt sein. In einer entsprechenden Weise kann man die Unbestimmtheit ΔE in der gemessenen Energie des Teilchens zu der Unsicherheit Δt in Beziehung setzen, in der das Ereignis gemessen wird. Das Produkt der beiden unbestimmten Größen kann nicht den Wert der Planckschen Konstanten unterschreiten: $\Delta E \cdot \Delta t = h$, die einen äußerst kleinen Zahlwert hat. In den Grenzen des Unbestimmtheitsprinzips kann in einem System auch einmal eine Extra-Energie auftreten, solange es nur für eine sehr kurze Zeit geschieht. Mit anderen Worten, für unmeßbar kurze Zeiträume können neue Teilchen erscheinen. Da diese Teilchen innerhalb des Systems verborgen und der Entdeckung unzugänglich sind, nennt man sie „virtuelle" Teilchen. Die Physiker nehmen an, daß es sie gibt, weil theoretische Berechnungen ihre Existenz zulassen.

Wir sind virtuellen Teilchen schon in Kapitel 3 begegnet, wo ich erwähnte, daß die elektromagnetische Kraft zwischen zwei geladenen Teilchen von Photonen getragen wird. (Siehe Figur 3.1) Da die ausgetauschten Photonen Beträge von Energie und Impuls mit sich führen können, die sich dem Nachweise entziehen, sind sie virtuelle Teilchen. Es gibt auch reelle Photonen, aber sie sind allen Erhaltungssätzen unterworfen.

Wie ich früher in diesem Kapitel erwähnt habe, ließe sich das magnetische Moment des Neutrons erklären, wenn es aus getrennten, geladenen Teilchen zusammengesetzt wäre. Im Besitz der Vorstellung von virtuellen Teilchen können wir vermuten, daß das Neutron für kurze Zeit in ein Proton und ein virtuelles Pion zerfällt. Dieses einfache Modell gibt in seinen Daten eine bemerkenswerte Übereinstimmung mit dem gemessenen magnetischen Moment und der Größe des Neutrons. Da es unmöglich ist, Targets aus freien Neutronen aufzubauen, berechnete Hofstadter die Größe des Neutrons, indem er die des Protons von der des Deuterons abzog, einem lose gebundenen Kern, der aus einem Proton und einem Neutron zusammengesetzt ist.

Die virtuelle Mesonen-Wolke

In seiner Mesonentheorie der Kernkräfte ging Yukawa von der Vorstellung aus, daß die Nukleonen von einer Wolke von virtuellen Pionen umgeben wären, die sich bis auf 10^{-13} cm ausdehnt. Hofstadter an der Universität Stanford und Robert Wilson an der Cornell Universität in New York hofften, die Wolke mit ihren hochenergetischen Elektronen zu beobachten. Ihre Ergebnisse waren mit einer Mesonenwolke vereinbar, aber nicht genau in der Art, wie es Yukav vorausgesagt hatte.

Yoichiro Nambu, ein japanischer Physiker, der an der Universität Chikago arbeitet, zeigte 1957, daß die Mesonenwolke durch die Gegenwart von Mesonenresonanzen mit einem Spin von einer Einheit erklärt werden konnte. Diese Resonanzen können in Pionen zerfallen. In früheren Kapiteln begegneten wir dem Rho(ς)meson, das ein Resonanzzustand von zwei Pionen, und dem Omega (ω)meson, das ein Resonanzzustand von drei Pionen ist. Beide Mesonen haben einen Spin von einer Einheit. Es gibt zusätzliche Mesonen-Resonanzen, die Nambus Bedingungen befriedigen. Mit der Entdeckung dieser Mesonen-Resonanzen war ein Teil vom Geheimnis der Mesonenwolke des Protons aufgeklärt.

In diesem Bild tauscht ein Elektron, wenn es von einem Proton gestreut wird, ein virtuelles Photon aus, das in mehreren verschiedenen Weisen an das Proton gekoppelt sein kann. Die gesamte Wechselwirkung ist die Summe dieser verschiedenen Kopplungen. Wie in Figur 6.2 gezeigt, kann das Proton durch ein „Klümpchen" dargestellt werden, das sich in verschiedene Komponenten zerlegen läßt. Wenn ein Elektron mit dem Klümpchen ein Photon austauscht, so agiert das Proton in erster Näherung, als wenn es ein punktförmiges Teilchen wäre. Die nächstwichtigen Beiträge zu der Streuung sind eine Zwei-Pionen-Resonanz (Rho) und eine Drei-Pionen-Resonanz (Omega). Es besteht kein Grund, warum nicht noch kompliziertere Beiträge bei der Gesamtstreuung gegenwärtig sein sollten. So könnte sich zum Beispiel das Proton an ein Baryon-Antibaryon-Paar koppeln, oder es könnten sogar seltsame Teilchen mitwirken. Alle diese Kombinationen kommen eigentlich zu dem Bild hinzu, aber ihre Stärken, charakterisiert durch die Masse und die Kopplung der mitwirkenden virtuellen Teilchen, sind kleiner als die der ersten drei Terme in Figur 6.2

Ein amerikanischer theoretischer Physiker faßte die Situation recht geschickt zusammen, als er schrieb: „von diesem Standpunkt ist die ‚Innenseite' eines Nukleons ein Komplex verwickelter Konfigurationen verschiedener Mesonen, Mesonenkomplexe, Baryonenpaare, Baryon-Resonanzen usw., die als ein Resultat von Quanten-Schwankungen (virtuell) in Erscheinung treten und wieder verschwinden. Jede liefert einen gewissen Beitrag, groß oder klein, zu der Ladungs- und Stromdichte des Objekts, das wir ein Nukleon nennen. Dies ist weit entfernt von dem relativ einfachen Bilde der Strukur des Atoms, wo die Ladungs- und Stromverteilung an permanente, wesentlich stabile Bestandteile – Elektronen, Protonen und Neutronen – gebunden ist."

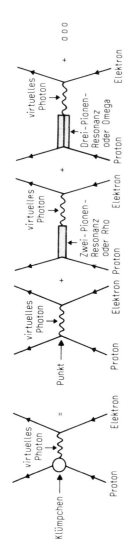

Figur 6.2. Feynman-Diagramme der wichtigsten Summenglieder, die zur Elektron-Proton-Streuung beitragen. Weitere Glieder umfassen Baryon-Antibaryon-Paare, seltsame Teilchen und andere Partikelkombinationen.

Das abstoßende Kerninnere

Vor dem Übergang zu neueren Untersuchungen über das Innere des Nukleons möchte ich die Rolle erwähnen, die von dem Rho und dem Omega bei den Kernkräften gespielt wird. Die Reichweite der starken Kraft ist recht gering – ungefährt 10^{-13} cm –, aber die Kraft ist sehr stark. Wenn die Kraft ganz von virtuellen Pionen übertragen würde, so würden benachbarte Nukleonen in einem Kern zusammengezogen werden und ineinanderstürzen, wie ein Teilchen-Antiteilchen-Paar es tut. Es ist aber eine Eigentümlichkeit der Spin-Eins-Teilchen, wie des Rho, daß sie zwischen gleichartigen Teilchen eine abstoßende Kraft vermitteln. Rhomesonen innerhalb des innersten Rumpfes der Nukleonen verhindern ihren Kollaps. Figur 6.3 veranschaulicht, wie der Energie-Trog eines Nukleons für ein anderes Nukleon aussieht. Die Schranke nahe dem Zentrum bezeichnet die „Vektor-Mesonen", von denen das Rhomeson eines ist.

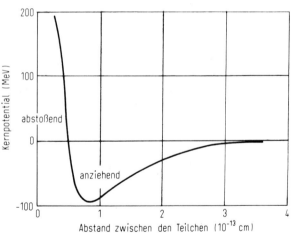

Figur 6.3. Das Kernpotential aufgetragen gegen den Abstand der Teilchen. Der anziehende Teil der Kraft ist von kurzer Reichweite, d. h. er erstreckt sich nur über einen begrenzten Abstand. Das abstoßende Kerninnere kommt zustande durch die Anwesenheit des Rhomesons und anderer Vektor-Mesonen zwischen den Protonen und Neutronen.

Partonen und Bootstraps

Die neuesten Untersuchungen am Stanforder Elektronen-Linearbeschleuniger widersprechen diesem relativ einfachen Bild des von Zwei- und Drei-Pionen-Resonanzen beherrschten Nukleons. Elektronenstreuung bei den höchsten verfügbaren Energien erinnert wieder an Rutherfords ursprüngliche Experimente. Der aus der Datenanalyse versuchsweise zu ziehende Schluß ist, daß die Nukleonen aus punktförmigen Einheiten zusammengesetzt sind, die man nun Partonen nennt. Überdies scheinen diese Partonen etwas gemein zu haben mit den hypothetischen Quarks, die in Kapitel 5 diskutiert wurden. Diese Ergebnisse sind sehr verschieden von allem, was irgendjemand vorausgesagt hatte. Sie sind noch spekulativ, aber wenn diese Experimente sich bestätigen sollten, könnten die Physiker wieder auf den Pfad einer Partikel-Hierarchie zurückkehren, mit Partonen (oder Quarks) als Grundelementen, aus denen sich alles Andere aufbaute.

Das Alternativ-Modell der Teilchen ist demokratischer. Wie wir im Falle der Nukleonen-Struktur gesehen haben, sind alle Elementarteilchen ständig bestrebt, zu dissoziieren und sich eines ins andere zu verwandeln. Das Proton und das Neutron machen davon nicht deswegen eine Ausnahme, weil sie fundamentaler als die anderen Teilchen wären, sondern weil sie der experimentellen Beobachtung besser zugänglich gewesen sind. Von Geoffrey Chew an der University of California wurde ein System entwickelt, in dem jedes stark wechselwirkende Teilchen hilft, andere Teilchen zu erzeugen, die wiederum das ursprüngliche Teilchen erzeugen helfen. Er nannte dieses Modell eine „Schnürsenkel"(bootstrap)-Dynamik, weil jedes Teilchen „sich selbst an seinen Schnürsenkeln hochhält". Ob man ein hierarchisches oder demokratisches Teilchenmodell bevorzugt, mag eine Geschmackssache sein, wie das praktizierenden Physikern oft so geht. Die Frage wird aber höchstwahrscheinlich noch für viele Jahre ungelöst bleiben. Die Lösung, wenn sie einmal kommt, wird wahrscheinlich aus einer höchst unvermuteten Quelle hervorgehen und ohne Zweifel jedermann überraschen.

Die CP-Verletzung in Kaonen-Zerfällen

Oft, wenn ich Partikel-Physiker treffe, frage ich sie, welches von den Problemen, denen sie gegenüberstehen, sie für das interessanteste halten. Die meisten von ihnen antworten, daß die CP-Verletzung im Kaonen-Zerfall die größten Probleme aufwirft und das aufregendste Forschungsziel bildet. Wie ich in Kapitel 3 erwähnt habe, rührt die CP-Verletzung an das Herz einer der wichtigsten Symmetrien der Physik, der CPT-Symmetrie. Dabei bedeuten C die Ladungskonjugation (die Verwandlung von Teilchen in ihre Antiteilchen und umgekehrt; siehe Kapitel 4), P die Parität (Rechts-Links-Symmetrie; siehe die Kapitel 3 und 4) und T die Zeitumkehr. Wenn wir an die

Grundlage der modernen Physik glauben, so bleibt CPT bei jeder
Teilchenreaktion erhalten. Das bedeutet, daß, wenn in einem Partikel-
Ereignis jedes Teilchen in sein korrespondierendes Antiteilchen verkehrt wird (und umgekehrt), und wenn die Reaktion in einem Spie
gel betrachtet und die Zeitachse umgekehrt wird, daß dann das resultierende Ereignis eben so reell sein muß wie das ursprüngliche.
Dies wird CPT-Erhaltung genannt. Sie kann hergeleitet werden aus
der Annahme, daß die Teilchenphysik von den Gesetzen der Quantenmechanik und der Relativitätstheorie beherrscht wird. Wenn
CPT fällt, so fällt auch das Gefüge der modernen Physik — für Phy
siker ein verheerender Sachverhalt.

1964 publizierten vier Physiker von der Universität Princeton, Jame
Christenson, James Cronin, Val Fitch und René Turlay, den Nachweis, daß in den Zerfällen der neutralen Kaonen die vereinigte Sym
metrie CP verletzt ist. Inzwischen haben andere Experimente dieses
Resultat bestätigt. Wenn CP verletzt ist, so muß in einem ausgleichenden Maße T verletzt sein, wenn CPT intakt bleiben soll. Die
Zeitumkehr bringt einige theoretische Probleme mit sich, aber sie si
nicht so ernst wie die von der CPT-Verletzung aufgeworfenen. Es
gibt einige wichtige Theoreme der Teilchenphysik, die von der voll-
ständigen Symmetrie der Zeitumkehr abhängen, und es ist immer
angenommen worden, daß T eine gültige Symmetrie ist. Zahlreiche
Experimente zur Prüfung der T-Verletzung in schwachen, starken
und elektromagnetischen Wechselwirkungen haben keine Verletzung
ergeben. So hing CPT in der Schwebe. Neuerdings haben die theore
tischen Physiker eine neue Kraft, die superschwache (siehe Kapitel
vorgeschlagen, die alle Probleme absorbiert. Nichtsdestoweniger
dauern die Experimente an, da viele Physiker noch nicht zufrieden
sind. Das Hauptresultat ist einstweilen, daß die neutralen Kaonen
sehr ungewöhnliche Teilchen sind.

Die Eigenschaften der Kaonen

Die Kaonen oder K-Mesonen sind unter den stabilen Teilchen eine
Sache für sich. Zu ihnen gehört ein neutrales Teilchen, das K^0, mit
einem davon verschiedenen Antiteilchen, dem $\bar{K}^0$. Diese Teilchen
werden in Verbindung mit anderen seltsamen Teilchen erzeugt. Wen
sie zerfallen, so können sowohl das K^0 als auch das $\bar{K}^0$ entweder
in zwei oder in drei Pionen übergehen. Durch das Studium der Zwe
und Drei-Pionen-Zerfallsformen der geladenen Kaonen kamen Lee
und Yang zuerst auf den Gedanken einer Paritätsverletzung bei
schwachen Wechselwirkungen. Die neutralen K-Mesonen sind jedoch

Die Eigenschaften der Kaonen

ungewöhnlicher. Die beiden Zerfallsprozesse haben sehr verschiedene Lebensdauern. Der Zwei-Pionen-Zerfall erfolgt verhältnismäßig schnell in etwa 10^{-10} Sekunden. Er kann geschrieben werden:

$$K^0 \to \pi^+ + \pi^- \qquad\qquad K^0 \to \pi^0 + \pi^0$$
$$\text{oder}$$
$$\overline{K}^0 \to \pi^+ + \pi^- \qquad\qquad \overline{K}^0 \to \pi^0 + \pi^0$$

Der Drei-Pionen-Zerfall dauert länger, ungefähr $4 \cdot 10^{-8}$ Sekunden. Er kann geschrieben werden:

$$K^0 \to \pi^+ + \pi^- + \pi^0$$
$$\overline{K}^0 \to \pi^+ + \pi^- + \pi^0$$

Diese Ungleichheit in der Lebensdauer war schwer zu erklären, bis Murray Gell-Mann und A. Pais zeigten, daß sie eine Folge der Wellennatur der Teilchen ist. Sie stellten sich vor, daß das K^0 und das $\overline{K}^0$ sich wie Wellen kombinieren können, um zwei andere Teilchen genannt K_1^0 und K_2^0, zu produzieren. In der ersten Kombination, K_1^0, ist die Wahrscheinlichkeit für den Zerfall in zwei Pionen erhöht, während sie in der zweiten Kombination, K_2^0, ausgeschlossen ist. Die stark wechselwirkenden seltsamen Teilchen K^0 und $\overline{K}^0$ enthalten beide die Komponenten K_1^0 und K_2^0 und zerfallen zu fünfzig Prozent der Zeit in jede der beiden Formen. Der schnelle Zerfall in zwei Pionen geht über K_1^0 und der langsamere Drei-Pionen-Zerfall über K_2^0. In einem Strahl neutraler Kaonen klingt die kurzlebige Komponente K_1^0 ab und läßt die langlebigere, K_2^0, übrig, die in drei Pionen zerfällt. Fitch und seine Mitarbeiter in Princeton bemerkten nun, daß K_2^0 auch in zwei Pionen zerfallen kann. Obschon ein seltenes Ereignis (es kommt nur eines auf 500 Drei-Pionen-Zerfälle), lieferte der Zwei-Pionen-Zerfallsmodus des langlebigen neutralen Kaon den Beweis, daß CP verletzt wird.

Man betrachte dazu den Zwei-Pionen-Zerfall eines neutralen Kaons. Wie Figur 6.4 zeigt, hat es einen geraden (+) Wert für die CP-Symmetrie. Ladungskonjugation verkehrt das negative Pion in sein positives Gegenstück, und das positive Pion geht in ein negatives über. Die Paritätsspiegelung in Bezug auf die Lage, die zuvor das Kaon eingenommen hatte, bringt alles so zurück, wie es war. Aber mit drei Pionen ist die Sache verschieden. Pionen haben ungerade Eigenparität (siehe Kapitel 4); eine Kombination von dreien von ihnen kann ungerade Parität haben. Sie können also auch einen ungeraden (−) Wert für die CP-Symmetrie haben. Die Überlagerung von K^0 und $\overline{K}^0$, die K_2^0 ergibt, hat eine bezüglich CP antisymmetrische Wellenfunktion; daher würde das langlebige neutrale Kaon immer in drei Pionen zerfallen, wenn CP erhalten bliebe. Sein Zerfall in zwei Pionen zeigt, daß CP eine gebrochene Symmetrie ist.

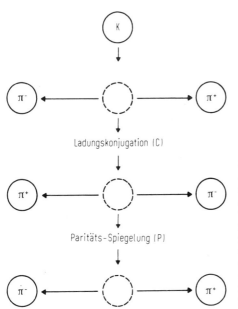

Figur 6.4. Der Zwei-Pionen-Zerfall des Kaons kehrt durch die vereinigten Operationen der Ladungskonjugation (C) und der Paritätsspiegelung (P) zu der anfänglichen Konfiguration zurück. Das bedeutet, daß die CP-Symmetrie für diesen Zerfall gerade ist. Die Paritätsspiegelung versteht sich in Bezug auf den Ort, wo das Kaon verschwunden ist.

Die Erhaltung von CPT

Um die CP-Verletzung in den Zerfällen des neutralen Kaons zu erklären, fingen die Physiker an, alle ihre Annahmen über diskrete Symmetrien in Frage zu stellen. Sie suchten nach CP-Verletzung in anderen Teilchensystemen. Da die CP-Verletzung den guten Ruf der T- und CPT-Erhaltung fragwürdig macht, suchten sie nach Verletzungen dieser Symmetrien in schwachen, starken und elektromagnetischen Wechselwirkungen. Aber bisher ist keine Verletzung gefunden worden. Sie suchten auch nach der unabhängigen Durchbrechung von C und P durch elektromagnetische und starke Kräfte (wir wissen schon, daß schwache Wechselwirkungen diese Symmetrien verletzen – siehe Kapitel 3). Aber alles scheint für die Existenz einer neuen Kraft, der superschwachen, zu sprechen, die sowohl CP wie T verletzt, aber CPT intakt läßt. Die Physiker haben noch nicht genug Zeit gehabt, die Folgen eines Bruches von T durch diese neue Kraft zu prüfen; aber da die CP-Verletzung so selten ist, kann die T-Verletzung keinen großen Einfluß auf die Grundlagen der Teilchenphysik haben. Die superschwache Kraft hat sich noch in keinem System außer bei den neutralen Kaonen gezeigt. Aber die Zeitumkehr ist keine geheiligte Symmetrie mehr.

Der Eta-Zerfall

Ein interessantes Nebenergebnis der auf die CP-Verletzung bezüglichen Experimente ist die Suche nach C-Verletzung bei elektromagnetischen Wechselwirkungen. Das Eta(η)meson ist ein geeignetes experimentelles Objekt, da es über die elektromagnetische Kraft in drei Pionen zerfällt:

$\eta^0 = \pi^+ + \pi^- + \pi^0$

Um auf eine Verletzung der Ladungskonjugation zu prüfen, vergleichen die Experimentatoren die Energien der geladenen Pionen. Wenn die negativen und positiven Pionen im Mittel dieselbe Bewegungsenergie haben, so ist C eine gültige Symmetrie. Sollte aber zum Beispiel das positive Pion mehr Energie davontragen, so würde die Situation in der Antimaterie-Welt, wo das negative Pion mehr Energie besitzen würde, verschieden sein. Die experimentelle Situation hat zwischen C-Verletzung und C-Erhaltung geschwankt, während sich die Experimente ständig verbesserten. Das letzte Wort in dieser Sache ist noch nicht gesprochen.

Wenn C im Eta-Zerfall verletzt wird, so hat das faszinierende Konsequenzen. Wir würden im Prinzip in der Lage sein zu bestimmen, ob entfernte Teile der Welt aus Antiteilchen bestehen. Mit diesem Versuch würde man der Kalamität bei der Paritätsverletzung im Kobalt-60-Experiment entgehen, die uns hinderte, Materie von Antimaterie zu unterscheiden (siehe Kapitel 3). Wenn wir finden, daß positive Pionen vom Eta-Zerfall tatsächlich im Mittel energetischer sind als negative, so sollte das auch in einer entfernten Galaxie gelten. Alles was wir zu tun hätten, wäre, mit intelligenten Wesen auf Planeten in diesen Galaxien Verbindung aufzunehmen und sie zu bitten, dasselbe Experiment zu machen. Wenn das Vorzeichen der elektrischen Ladung bei dem höherenergetischen Pion dasselbe ist, wie das der Kerne ihrer Atome, so sollten wir engeren Kontakt befürworten. Wenn sie aber von entgegengesetztem Vorzeichen sind, so müßten wir jenen Teil des Universums meiden oder riskieren, annihiliert zu werden.

Epilog

Jahrhunderte hindurch haben Naturphilosophen nach dem Wesen der Materie gesucht. In seinem Traktat „Opticks" aus dem siebzehnten

Jahrhundert äußert sich Sir Isaak Newton darüber mit den folgenden von der Zeit unberührten Worten*):

„Nun können die kleinsten Theilchen der Materie durch kräftigste Anziehung zusammenhängen und größere Partikel von schwächerer Kraft bilden; von diesen können wieder viele zusammenhängen und größere Theilchen bilden, deren Kraft noch schwächer ist, un so weiter in verschiedenen Aufeinanderfolgen, bis die Progression mit den größten Partikeln endet, von denen die chemischen Operationen und die Farben der natürlichen Körper abhängen und die durch ihre Cohäsion Körper von wahrnehmbarer Größe bilden.

Es gibt also Kräfte (Agents) in der Natur, welche den Körpertheilchen durch kräftige Anziehung Zusammenhang verleihen, und es ist die Aufgabe der experimentellen Naturforschung, diese aufzufinden".

Newtons Empfindungen fanden im zwanzigsten Jahrhundert ein Echo durch Richard Hofstadter, der seinen Nobel-Vortrag mit den folgenden Worten schloß:

„Über zukünftige Probleme und zukünftigen Fortschritt kann man nur Vermutungen anstellen; aber meine persönliche Überzeugung ist, daß die Suche nach immer kleineren und immer mehr fundamentalen Teilchen andauern wird, solange sich der Mensch die Neugier bewahrt, die er immer bewiesen hat."

---

* *Anmerkung des Übersetzers:* Übersetzung von William Abendroth in „Ostwalds Klassiker der exakten Wissenschaften" Nr. 97, Leipzig 1898.

Erläuterung einiger Fachausdrücke

Antimaterie: Teilchen, die sich selbst und ihr Gegenstück gewöhnlicher Materie annihilieren, wenn sie miteinander in Berührung kommen.
Baryonen: die Klasse der stark wechselwirkenden Teilchen mit halbganzem Spin. Sie umfaßt die Nukleonen und Hyperonen.
Beschleuniger: eine Maschine zur Erzeugung hochenergetischer Teilchen.
Betazerfall: der Prozeß, in dem sich ein Atom eines Elementes durch Aussendung eines Elektrons aus seinem Kern in ein Atom eines davon verschiedenen Elementes verwandelt.
Blasenkammer: eine Vorrichtung, die die Spuren hindurchgehender geladener Teilchen aufzeichnet. Sie wird gewöhnlich mit einem flüssigen Gas tiefer Temperatur, wie etwa flüssigem Wasserstoff, gefüllt, das längs der Teilchenbahn Blasen bildet.
Deuteron: der Kern des schweren Wasserstoffs. Er besteht aus einem Proton, das an ein Neutron gebunden ist.
Emulsion: lichtempfindliche Schicht zur Aufzeichnung der Bahnen geladener Teilchen, die sie durchsetzen.
Gamma-Strahlen: hochenergetische elektromagnetische Strahlung, wesensgleich mit Röntgenstrahlen, ultravioletter Strahlung, sichtbarem Licht, Infrarot-Strahlung und Radiowellen.
Hadronen: ein Name für alle Teilchen, die der starken Kernkraft unterliegen.
Helizität: eine Beziehung zwischen dem Drehsinn eines Teilchens und seiner Geschwindigkeit. Ein Teilchen mit positiver (negativer) Helizität verhält sich ähnlich wie eine rechtsgängige (linksgängige) Schraube.
Hyperonen: eine Klasse von stark wechselwirkenden Teilchen schwerer als Protonen und Neutronen und mit halbganzem Spin.
Ion: ein Atom, das entweder mehr oder weniger Elektronen hat, als dem Zustande der elektrischen Neutralität entspricht.
Isospin: eine Quantenzahl zur Spezifizierung der Zahl der Teilchen in einem Ladungsmultiplett und der elektrischen Ladung eines jeden Teilchens.
Isotoper Spin: ältere Bezeichnung für Isospin.
Kosmische Strahlen: hochenergetische Teilchen, die von einer unbekannten Quelle im Weltraume auf die Erde einfallen.
Ladungsmultipletts: eine Familie von Teilchen, die in ihren Eigenschaften mit Ausnahme der elektrischen Ladung übereinstimmen.
Leptonen: die Klasse der leichten Teilchen, die der starken Kernkraft n i c h t unterliegen.

Magnetisches Moment: ein kleines Magnetfeld rotierender Teilchen ähnlich dem eines Stabmagneten.

Mesonen: die Klasse der stark wechselwirkenden Teilchen mit ganzzahligem Spin und einer Masse kleiner als der des Protons und des Neutrons.

Nukleon: ein Gattungsname für das Proton und das Neutron.

Parität: Rechts-Links- oder Spiegelsymmetrie von Teilchen und ihren Wechselwirkungen. Paritätserhaltung bedeutet, daß das Spiegelbild einer Teilchenreaktion allen Gesetzen der Physik entspricht.

Photon: ein partikel-artiges Quantum elektromagnetischer Energie.

Propagator: ein Teilchen, das eine Kraft zwischen zwei andern Teilchen vermittelt.

Quant: eine diskrete Einheit oder Paket einer Quantität. Im atomaren Bereich können manche Quantitäten, wie die Energie, zwischen zwei Teilchen nur in quantisierten Beträgen ausgetauscht werden.

Reichweite: die Distanz, über die eine Kraft wirksam ist.

Resonanzen*): äußerst kurzlebige Teilchen oder angeregte Konfigurationen langlebigerer Teilchen.

Spin: die Quantenzahl, die die Stärke der Rotation eines Teilchens charakterisiert. In Einheiten der Planckschen Konstanten ist der Spin durch die Quantentheorie auf ganze oder halbganze Werte beschränkt.

Streuung: die Wechselwirkung von zwei Teilchen, bei der sie entweder ähnlich wie Billardbälle voneinander abprallen oder neue Teilchen bilden.

Supermultiplett: eine Teilchenfamilie, die mit Hilfe der SU(3)-Symmetrie klassifiziert werden kann.

Wellenfunktion: eine Funktion im mathematischen Sinne, die Welleneigenschaften hat und Teilchen beschreibt.

---

* Im Sprachgebrauch der Elementarteilchenphysik

Literatur *

I. Einführende Bücher

K.W. Ford: Die Welt der Elementarteilchen. Heidelberger Taschenbücher Bd. 9. Springer, Berlin-New York-Heidelberg 1966.
C.N. Yang: Elementarteilchen. de Gruyter, Berlin 1972.

II. Weiterführende Literatur

R.P. Feynman: Quantenelektrodynamik. Hochschultaschenbücher Bd. 401/401a. Bibliographisches Institut (BI), Mannheim 1969;
G. Källén: Elementarteilchenphysik. Hochschultaschenbücher Bd. 100/100a/100b. Bibliographisches Institut (BI), Mannheim 1965;
R.E. Marshak und E.C.G. Sudarshan: Einführung in die Physik der Elementarteilchen. Hochschultaschenbücher Bd. 65/65a. Bibliographisches Institut (BI), Mannheim 1964.

III. Zeitschriftenartikel

a) *Physikalische Blätter*

H. Schopper, Zur Gültigkeit der Elektrodynamik, *29*, 106 (1973);
H. Schmutzer, Symmetrien in den physikalischen Naturgesetzen, *29*, 213, 260 (197
H. Paetz gen. Schniek, Solare Neutrinos, *29*, 299 (1973);
P. Joos und P. Söding, Das Deutsche Elektronen-Synchrotron, *29*, 375 (1973);
D. Flamm, Neuere Modelle in der Elementarteilchenphysik, *28*, 161 (1972);
W. Heisenberg, Die Aufgabe der Speicherringe, *28*, 107 (1972);
D.E.C. Fries, Das Rho-Meson als Mittler zwischen elektromagnetischer und starker Wechselwirkung, *27*, 55 (1971);
H. Rechenberg, Was geschieht in der Elementarteilchenphysik?, *26*, 15 (1970);
V.F. Weisskopf, Physik im 20. Jahrhundert, *26*, 64, 101' (1970);
D. Wegener, Elektronenstreuung und die Struktur des Protons, *26*, 394 (1970);
H. Nesemann, 3 GeV-Elektron-Positron-Speicherringprojekt, *26*, 445, 543 (1970);
R. Haag, Die Rolle der Quantenfeldtheorie in der Physik der letzten Jahrzehnte, *26*, 529 (1970);
H. Schopper, Die Symmetrieprinzipien in der Physik, *25*, 59, 114 (1969);
J. Trümper, Hadronen-Wechselwirkung bei sehr hohen Energien, *25*, 119 (1969);
H. Rechenberg, Zur Physik der letzten 20 Jahre, *25*, 481 (1969);
T.D. Lee, Warum sind Theoretiker an Hochenergiebeschleunigern interessiert?, *24*, 460 (1968);
H. Mitter, Vakuumstruktur in der Quantenelektrodynamik, *24*, 159 (1968);
H. Mitter, Nichtlineare Effekte in der Quantenelektrodynamik, *24*, 348 (1968);
H. Schopper, Der Elektronen-Ring-Beschleuniger, ein neues Beschleunigungsprinzip, *24*, 201 (1968);
H. Rechenberg, Aus der Physik der Elementarteilchen, V. Quantenelektrodynamik und die Verwendung der Graphen, *22*, 210 (1966);
G. Lüders, Symmetrieeigenschaften der Elementarteilchen und TCP-Theorem, *22*, 414 (1966);
H. Appel und J. Görres, Der gegenwärtige Stand der Quark-Experimente, *22*, 542 (1966);

* Bearbeitet von H. Rechenberg.

H.P. Dürr, Klassifizierung der Elementarteilchen und die hypothetischen Quark-Teilchen, *21*, 406 (1965);

V.F. Weisskopf, Quantentheorie der Elementarteilchen, I. Die Symmetrien der Atome, II. Die neuen Symmetrien, *21*, 502, 558 (1965);

E. Brüche, Sinn, Entstehung und Organisation von CERN, *20*, 260 (1964);

H. Rechenberg, Aus der Physik der Elementarteilchen, III. Die klassische Beschreibung der Elementarteilchen, IV. Erste Ansätze zur Quantentheorie der Elementarteilchen, *20*, 158, 304 (1964);

E.P. Wigner, Die Rolle der Invarianzprinzipien in der Natur, *20*, 393 (1964);

H. Rechenberg, Aus der Physik der Elementarteilchen, I. Abriß der Geschichte der Elementarteilchen, II. Eigenschaften der Elementarteilchen, *19*, 104, 207 (1963);

W. Jentschke und P. Stähelin, Das Deutsche Elektronen-Synchrotron, *19*, 407 (1963).

b) *Die Naturwissenschaften*

W. Drechsler, Das Regge-Pol-Modell, *59*, 325 (1972);

S. Brandt, Zur Photoproduktion von Hadronen, *58*, 81 (1971);

H. Pietschmann und J. Wess, Schwache Wechselwirkungen, *57*, 365 (1970);

A. Citron, Hochenergiebeschleuniger und Physik der Elementarteilchen, *56*, 153 (1969);

H. Filthuth, Die Rolle der Blasenkammer bei der Entdeckung neuer Elementarteilchen, *56*, 158 (1969);

H. Pietschmann, Die Elementarteilchen und ihre Wechselwirkungskräfte, *56*, 164 (1969);

E. Lohrmann, Die Blasenkammer: Auswertungsmethoden und Anwendung in der Hochenergiephysik, *55*, 151 (1968);

B. Elsner, Die Bedeutung der Funkenkammer, *55*, 193 (1968);

N. Schmitz, Photoproduktion von Meson- und Baryon-Resonanzen, *55*, 265 (1968);

N. Schmitz, Stark zerfallende Elementarteilchen, *53*, 1 (1966);

W. Heisenberg, Die Entwicklung der einheitlichen Feldtheorie der Elementarteilchen, *50*, 3 (1963);

H. Schopper, Symmetrieprinzipien und Naturgesetze, *50*, 205 (1963).

Namen- und Sachregister

Achtfältige Weg, der 73
Alvarez, Luis
    und die Blasenkammern 30
    und Teilchen-Resonanzen 81–82
Anderson, C. D.
    und die Mesonen 21
    und das Positron 16–19
Antimaterie 17, 69
Antiproton 60, 64, 78
    Entdeckung 32
Assoziierte Erzeugung 68
Atom, Entwicklung des Begriffs 2
Atome 1–3, 5, 6, 9, 13, 37, 56, 63, 83
Atomkerne, s. Kern

Baryonen 84
    Erhaltung 59–60
    Klassifikation 73–85
    Beziehung zu den Quarks 86–87
    Resonanzen 80–82, 84
    SU(3)-Supermultipletts 75
    Tabelle der Eigenschaften 33–34
    s. auch Hyperonen und Nukleonen
Beschleuniger 26, 28–29
Betazerfall 14, 17, 25, 58
    Paritätsverletzung beim B. 44–47
Blasenkammer 29, 54
Bohr, Niels
    und die Quantentheorie 9
    und das Atom 13
Bootstrap-Modell 100–101
Broglie, Louis de, 73
    und die Partikelwellen 94–95
Butler, C. C.
    und die seltsamen Teilchen 27, 69

Chadwick, James
    und das Neutron 16
Chamberlain, Owen
    und das Antiproton 32

Chew, Geoffrey
    und die Hyperladung 83–84
    und das Bootstrap-Modell 101
Cowan, R. D.
    und das Neutrino 25
CP-Symmetrie 65
    ihre Verletzung 49–50, 101–104
CPT-Symmetrie 49, 101–104
Cronin, James
    und die CP-Verletzung 102

Demokrit und die Atome 2
Deuteron 62–63, 97
Dirac, P. A. M.
    und die Antimaterie 17–18
Drehimpuls
    Definition 56
    Erhaltung 56–58
    s. auch Spin

Eigenparität 43
Einsteins Masse-Energie-Formel 6, 24, 28 (Fußnote)
Elektromagnetische Kraft 37–41
    s. auch Kraft
Elektron 1, 3, 5, 6–7, 9, 17, 18, 21, 26, 38, 40, 42, 52, 56, 59, 60–61, 63, 64, 89
    Entdeckung 13
    im Beta-Zerfall 14–15, 25, 45–47
    Streuung durch Protonen 95–96, 100–101
Elektronen negativer Energie 18
    s. auch Leptonen
Elektronen-Volt, Definition 28 (Fußnote)
Emulsion 19
Energieerhaltung 51
Epikur und die Atome 2
Eta-Meson 32, 77–79
    und Ladungskonjugation 105
    s. auch Mesonen

Fermi, Enrico
    und Baryonen-Resonanzen 80
    und der Betazerfall 25
    und Neutrinos 25

Feynman, Richard
 und die Photonen 90
Feynman-Diagramme 24, 41, 99
Fitch, Val
 und die CP-Verletzung 102
Funkenkammer 30

Gammastrahlen 14, 17, 20
Gell-Mann, Murray
 und die Hyperladung 83
 und die Quarks 50, 85–87
 und die Strangeness 70–72
 und SU(3) 73–75, 82
GeV (= Billion Elektronen-Volt),
 Definition 28 (Fußnote)
Glaser, Donald
 und die Blasenkammer 30
Graviton 42

Hadronen 39
Heisenberg, Werner 73
 und der Isospin 65
 und die Quantentheorie 9
Heisenbergsches Unbestimmtheits-Prinzip 9, 56, 79, 96–97
Helizität 47
Hofstadter, Robert 106
 und die Größe des Protons 94, 95–96
Hyperladung 83–84
Hyperonen 30, 43, 59
 Definition 27
 Tabelle der Eigenschaften 33–34
 s. auch Baryonen

Impulserhaltung 51–52
Ion 14, 19, 20, 30, 52–53
Ionisation 16, 19, 30
Isospin 65–68
 Verletzung der Erhaltung 68
Isotoper Spin = Isospin

Kaonen = K-Mesonen
Kemmer, N.
 und das Pion 23
Kern 3, 6, 13, 18, 30, 37, 45–46, 56

K-Mesonen (Kaonen) 6, 45, 49–50, 59, 70–71, 82–83
 Entdeckung 30
 und die CP-Verletzung 102–103
 und das Theta-tau-Rätsel 44
 s. auch Mesonen und seltsame Teilchen
Kobalt-60-Experiment 45
Kosmische Strahlen 4, 17, 18, 21–22, 27
Kraft, abstoßende im Kerninnern 100
 und partielle Symmetrien 61–72
 Propagator 41–42
 Reichweite 39–40
 Stärke 39
 superschwache 49–50
 superstarke 50

Ladung, elektrische 59
 Hyperladung 83–84
 s. auch Baryonen und Leptonen
Ladungskonjugation 64
Ladungsmultipletts 74
Lambda-Hyperon 6, 27, 38, 52–54, 68–72
 s. auch Baryonen, Hyperonen und seltsame Teilchen
Lawrence, E. O.
 und das Zyklotron 28
Lee, T. D.
 und die Parität 42–44
Leptonen 39, 88–89
 Tabelle der Eigenschaften 33–34
Leptonen-Erhaltung 60–61
Lukrez und die Atome 2

Magnetisches Moment 91–92, 97
McMillan, E. M.
 und Partikelbeschleuniger 28
Mesonen 43, 57, 59–60
 Geschichte 20–24
 Resonanzen 78–79
 SU(3)-Supermultipletts 76–77
 Tabelle der Eigenschaften 33–34
Mesonenwolke 97–99

Namen- und Sachregister

MeV (= Million Elektronen-Volt), Definition 28 (Fußnote)
Moleküle 1–3, 6, 37
Myon 21–22, 26, 38, 42, 48–49, 60–61, 89
  Entdeckung 20–22
  s. auch Leptonen

Nambu, Yoichiro
  und die Struktur des Protons 98
Nebelkammer 18–19
Ne'eman, Yuval
  und SU(3) 73–75, 82
Neutrino 5, 26, 38, 41, 42, 50
  Entdeckung 24–26
  Elektronen-Neutrino 25
  Myonen-Neutrino 26
  und Paritäts-Verletzung 47–48
  Spin 58
  s. auch Leptonen
Neutron 1, 3–5, 21, 23, 38, 39, 41, 54–55, 59–60, 62–63, 65
  Entdeckung 16–17
  Spin 58
  Zerfall 25–26, 58
  s. auch Baryonen und Nukleonen
Newton, Isaac 106
Nishijima, K.
  und die Strangeness 70
Nukleonen 21, 27, 37, 43, 56, 59, 65, 74
  innere Struktur 91–101
  Tabelle der Eigenschaften 33–34
  s. auch Neutron und Proton

Omega-Meson 78–79, 98
Omega-Minus-Hyperon 80–83
Oppenheimer, J. Robert
  und das Pion 23

Pais, A.
  und die seltsamen Teilchen 69
Parität 42–49, 62–63
  Eigenparität 43
  Verletzung 42–49
Partikel siehe Teilchen
Partonen 100–101

Pauli, Wolfgang
  und das Neutrino 24
Paulisches Ausschließungsprinzip 63
Photon 20, 26, 38, 41, 68, 90,
  als Propagator 41
  Tabelle der Eigenschaften 33–34
  s. auch Gammastrahlen
Pion (Pi-Meson) 6, 26, 28–29, 30, 37, 44, 51–52, 54–55, 58, 60, 74
  Entdeckung 21–23
  Eigenparität 62–64
  Isospin 65–67
  als Propagator 41
  Protonen-Streuung 10–11, 39, 54, 62, 64, 67, 80
  Zerfall 48, 68
  s. auch Mesonen
Plancksche Konstante 95
Positron 25–26, 40, 48, 52
  Entdeckung 17–18
  s. auch Leptonen
Powell, C. F.
  und die Mesonen 21
Proton 1, 3–8, 10–11, 13–17, 21, 23, 25–26, 30, 31, 40, 52–54, 56, 57, 59, 60, 65–67, 75, 78
  Entdeckung 14
  Pionen-Streuung siehe Pion
  s. auch Nukleonen und Baryonen

Quantenmechanik 8–11, 15, 73
Quarks 8, 50, 85–88, 101

Radioaktivität 14
Reines, F.
  und das Neutrino 25
Resonanzen 54–56
  SU(3)-Klassifikation 77–85
Rho-Meson 54–58, 79–80
Rochester, G. D.
  und die seltsamen Teilchen 27, 69
Rutherford, Ernest Lord 16, 21
Rutherford-Bohr-Atom 13, 73
Rutherford-Streuung 92–93

Schwache Kernkraft 37–49
s. auch Kraft
Schwerkraft 37–42
Schwinger, Julian
und die Photonen 90
Segré, Emilio
und das Antiproton 35
Seltsame Teilchen 27, 30–32, 69–72
Resonanzen 81
Sigma-Hyperon 27, 68, 70–71, 74–75
s. auch Baryonen und Hyperonen
Spin 15–16, 45–48, 56–58
s. auch Drehimpuls
Starke Kernkraft 37–42, 100
s. auch Kraft
Strangeness 21, 70–71
s. auch Hyperladung
Superschwache Kraft 49–50, 104–105
Superstarke Kraft 50
SU(3)-Symmetrie 73–87
Supermultipletts 75–82
Synchrotron 29
Synchrozyklotron 28
Szintillationszähler 29

Target 10
Teilchen
Definition 4–8
Größe 94
Massenbestimmung 52–53
Spuren 19–20, 52–54
Stabilität 5
Struktur 6
Tabelle der Eigenschaften der stabilen Teilchen 33–34

Theta-tau-Rätsel 44
Thomson, J. J.
und das Elektron 13
und das Proton 14
Tomonaga, Shinichiro
und die Photonen 90

Veksler, V.
und Teilchenbeschleuniger 28
Virtuelle Teilchen 38, 96–99
V-Teilchen 27, 69

Wellenfunktion 9, 43, 62, 94
Wellen-Teilchen-Dualismus 9, 94–95
Wilson, C. T. R.
und die Nebelkammer 18–19
Wilson, Robert
und die Struktur des Protons 97–98
W–Teilchen 41–42
Wu, C.S.
und die Parität 45

Xi-Teilchen 74
s. auch Baryonen und Hyperonen

Yang, C. N.
und die Parität 43
Yukawa, Hideki
und das Pion 20, 40–41, 94, 97

Zeitumkehr 49–50, 104–105
Zweig, George
und die Quarks 85–87
Zyklotron 28

taschentext

Gesamt-Übersicht

Chemie

Aylward / Findlay
Datensammlung Chemie in SI-Einheiten*
taschentext 27

Bell
Säuren und Basen – und ihr quantitatives Verhalten
taschentext 19

Bellamy
Lehrprogramm Orbitalsymmetrie*
taschentext 28

Budzikiewicz
Massenspektrometrie
Eine Einführung
taschentext 5

Christensen / Palmer
Lehrprogramm Enzymkinetik*
taschentext 23

Cooper
Das Periodensystem der Elemente
taschentext 6

Eberson
Organische Chemie I und II
taschentext 13 und 14

NMR-Spektroskopie – Eine Einführung mit Übungen
taschentext 15

Günzler / Böck
Infrarotspektroskopie*

Heslop
Praktisches Rechnen in der Allgemeinen Chemie
taschentext 9

Kettle
Koordinationsverbindungen
taschentext 3

Price
Die räumliche Struktur organischer Moleküle
taschentext 10

Sykes
Reaktionsaufklärung
Methoden und Kriterien der organischen Reaktionsmechanistik
taschentext 8

Sykes
Reaktionsmechanismen der Organischen Chemie
Eine Einführung
taschentext 20

Biologie und Medizin

Benfey
Mechanismen organisch-chemischer Reaktionen
Eine Einführung für Biologen und Mediziner
taschentext 11

taschentext

Gesamt-Übersicht

Beyermann u. a.
Prüfungsfragen Chemie für Mediziner
100 Multiple-Choice-Fragen mit einer Anleitung zur Bearbeitung
taschentext 17

Beyermann
Molekülmodelle*

v. Dehn
Vergleichende Anatomie der Wirbeltiere*
taschentext 30

Friemel / Brock
Grundlagen der Immunologie*
taschentext 21

Hammen
Quantitative Biologie*

Nachtigall
Zoophysiologischer Grundkurs
taschentext 4

Nelson / Robinson / Boolootian
Allgemeine Biologie I und II
Ein Lehrbuch
taschentext 1 und 2

Steitz
Die Evolution des Menschen
taschentext 16

Topping
Beobachtungsfehler und ihre Behandlung
taschentext 29

Wilkinson
Einführung in die Mikrobiologie
taschentext 26

Mathematik

Kleppner / Ramsey
Lehrprogramm Differential- und Integralrechnung
taschentext 7

Schramm
Grundlagen der Mathematik für Naturwissenschaftler
Zahlen – Funktionen – Lineare Algebra
taschentext 22

Physik und Astronomie

Marks
Relativitätstheorie
Eine Einführung in die klassische, spezielle und allgemeine Theorie
taschentext 24

Wick
Elementarteilchen*
taschentext 18

Williams
Fourierreihen und Randwertaufgaben
taschentext 25

Müller
Grundzüge der Astronomie
taschentext 12

* In Vorbereitung
Bitte fordern Sie unseren ausführlichen Prospekt an.
Verlag Chemie, D-6940 Weinheim,
Postfach 1260/1280